# 規制標示

| 転回禁止 | 進路変更禁止 | | 駐停車禁止 | 駐車禁止 | 最高速度 |
|---|---|---|---|---|---|
|  |  車両通行帯境界線 | 車両通行帯境界線 |  |  |  |
| 転回禁止を示す。転回禁止の日・時間が示される場合がある | どちら側の交通も進路変更できない | ×黄線の側の進路変更 ○白線の側の進路変更 | ×駐停車（黄の実線で表示） | ×駐車 ○停車（黄の破線で表示） | 最高速度を示す |

| 追越しのための右側部分はみ出し通行禁止 | | | 立入り禁止部分 | 停止禁止部分 | 路側帯 |
|---|---|---|---|---|---|
|  中央線 |  中央線 |  中央線 | | | 路側帯 車道 |
| どちら側の交通も追い越しのための右側部分はみ出し通行禁止 | どちら側の交通も追い越しのための右側部分はみ出し通行禁止 | ×黄線の側から ○白線の側から | 禁止部言号待っなどでも停止できない | | ○歩行者と軽車両の通行 幅が0.75m超の場合は駐停車できる |

| 駐停車禁止路側帯 | 歩行者用路側帯 | 特例特定小型原動機付自転車・普通自転車歩道通行可 | 車両通行帯 | | | |
|---|---|---|---|---|---|---|
|  路側帯 車道 |  路側帯 車道 |  歩道 | 道路の左端 中央線など | 道路の左端 中央線など | 道路の左端 中央線など | 道路の左端 中央線など |
| ×駐停車 駐停車禁止路側帯を示す | ×駐停車 歩行者用路側帯を示す | 特例特定小型原動機付自転車と普通自転車は歩道を通行できる | （1）ペイントなどによるとき | （2）道路びょうなど | 高速自動車国道の本線車道以外の道路の区間に設けられる車両通行帯 | 高速自動車国道の本線車道に設けられる車両通行帯 |

| 優先本線車道 | 車両通行区分 | 特定の種類の車両の通行区分 | けん引自動車の高速自動車国道通行区分 | 専用通行帯 | 路線バス等優先通行帯 | けん引自動車の自動車専用道路第一通行帯通行指定区画 |
|---|---|---|---|---|---|---|
| 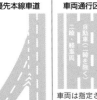 |  自動車（二輪を除く）二輪・軽車両 |  大貨等 |  けん引 |  バス等専用7-9 |  バス優先7-9 | けん引 |
| 優先本線車道を示す | 車両は指定された車両通行帯を通行しなければならない | 特定の指定された車両通行帯を通行しなければならない | けん引自動車は指定された車両通行帯を通行しなければならない | 専用通行帯を示す。他の車両は専用通行帯を通行してはならない | 他の車両等は路線バス等の通行を妨げてはならない | けん引自動車は第一通行帯を通行しなければならない |

| 進行方向別通行区分 | 終わり | 環状交差点における左折等の方法 | 平行駐車 | 直角駐車 | 斜め駐車 |
|---|---|---|---|---|---|
|  | 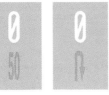 50 |  |  |  | |
| 進行方向によって通行区分に従って通行しなければならない | 交通規制の終わりを示す | 環状交差点で、車が通行しなければならない部分を示す | 道路に平行に駐車する部分であることを示す | 道路に直角に駐車する部分であることを示す | 道路に斜めに駐車する部分であることを示す |

# 規制標示

| 右左折の方法 | | | | | 普通自転車の交差点進入禁止 |
|---|---|---|---|---|---|
|  |  |  |  | |  |
| 右左折の方法を示す | | | | | ✕普通自転車の交差点進入 |

# 指示標示

| 横断歩道 | 斜め横断可1 | 斜め横断可2 | 自転車横断帯 |
|---|---|---|---|
|  |  |  |  |
| 2種類の横断歩道の標示がある | 時間を限定して行う場合。斜め横断歩道の線が途中までしか描かれていない | 終日行う場合。斜め横断歩道の線がつながって描かれている | 自転車横断帯を示す |

| 右側通行 | 停止線 | 二段停止線 | 進行方向 | 中央線1 | 中央線2 | 前方優先道路 |
|---|---|---|---|---|---|---|
|  | |  |  |  |  |  |
| 右側を通行することができる | 停止線を示す | 二輪と四輪など、二段の停止線を示す | 矢印で進行方向を示す | 道路の右側にはみ出して通行してはならないことを特に示す必要がある道路に設ける | 1以外の場所に設ける場合のペイントなどによる標示 | 前方に優先道路があることを示す |

| 車両境界線 | 安全地帯または路上障害物に接近1 | 安全地帯または路上障害物に接近2 | 安全地帯 | 路面電車停留場 | 横断歩道または自転車横断帯あり |
|---|---|---|---|---|---|
|  |  |  |  |  |  |
| ペイントなどによる標示 | 片側にさける場合 | 両側にさける場合 | 安全地帯を示す | 路面電車停留場（所）を示す | 前方に横断歩道または自転車横断帯があることを示す |

# 車に付ける標識

| 初心運転者標識（初心者マーク） | 高齢運転者標識（高齢者マーク） | 身体障害者標識（身体障害者マーク） | 聴覚障害者標識（聴覚障害者マーク） | 代行運転自動車標識（代行マーク） | 仮免許練習標識 |
|---|---|---|---|---|---|
|  | |  |  | |  |
| 免許を受けて1年未満の人が自動車を運転するときに付けるマーク | 70歳以上の人が自動車を運転するときに付けるマーク | 身体に障害がある人が自動車を運転するときに付けるマーク | 聴覚に障害がある人が自動車を運転するときに付けるマーク | 代行運転者が付けるマーク | 運転の練習などをする人が自動車を運転するときに付けるマーク |

監修：自動車運転免許研究所　長 信一

# 最速合格！

# 原付免許

## ルール総まとめ
## &
## 問題集

長 信一

日本文芸社

# もくじ

## 項目別 試験に出る交通ルール早わかり

### 運転前の基礎知識

### 道路の通行方法

### 運転するときの重要ルール

＊本書の情報は、2024年2月末日現在の法令に基づいています。

## 安全運転の知識

## これでバッチリ合格！原付模擬テスト

＊本書は、2010年12月に小社より刊行された『赤シートでおぼえる！ 原付免許合格テキスト』の内容を修正し、新刊として再編集したものです。内容が重複している部分がありますので、ご購入にはご注意ください。

# 受験ガイド

## 受験できない人

| 1 | 年齢が 16 歳に達していない人 |
| 2 | 免許を拒否された日から起算して、指定期間を経過していない人 |
| 3 | 免許を保留されている人 |
| 4 | 免許を取り消された日から起算して、指定期間を経過していない人 |
| 5 | 免許の効力が停止、または仮停止されている人 |

＊一定の病気（てんかんなど）に該当するかどうかを調べるため、症状に関する質問票（試験場にある）を提出してもらいます。

## 受験に必要なもの

| 1 | 住民票の写し（本籍記載のもの）、または小型特殊免許 |
| 2 | 運転免許申請書（用紙は試験場にある） |
| 3 | 証明写真（タテ 30 ミリメートル×ヨコ 24 ミリメートルで 6 か月以内に撮影したもの） |
| 4 | 受験手数料、免許証交付料（金額は事前に確認のこと） |

＊はじめて免許証を取る人は、健康保険証やパスポートなどの身分を証明するものの提示が必要です。

## 適性試験の内容

| 視力検査 | 両眼 0.5 以上で合格。片方の目が見えない場合でも、見えるほうの視力が 0.5 以上で、視野が 150 度以上あれば合格。メガネ、コンタクトレンズの使用も可。 |
| 色彩識別能力検査 | 信号機の色である「赤・黄・青」を見分けることができれば合格。 |
| 運動能力検査 | 手足、腰、指などの簡単な屈伸運動をして、車の運転に支障がなければ合格。義手や義足の使用も可。 |

＊身体や聴覚に障害がある人は、あらかじめ運転適性相談を受けてください。

## 学科試験の合格基準と原付講習

| 学科試験の合格基準 | 問題を読んで別紙のマークシートの「正誤」欄に記入する形式。文章問題が 46 問、イラスト問題が 2 問出題され、45 点以上で合格。配点は文章問題が 1 問 1 点、イラスト問題が 1 問 2 点で、制限時間は 30 分。 |
| 原付講習 | 実際に原動機付自転車に乗り、操作方法などの講習を 3 時間受ける（義務）。形式は都道府県によって異なる。 |

# 学科試験合格のポイント

## 文章問題

### ①交通用語をしっかり理解する

独特の語句が出てくるので、意味を覚えておきましょう
（本書ではルール解説ページの欄外に用語の意味を解説しています）。

**例** 車→自動車、原動機付自転車、軽車両
（原動機付自転車と軽車両は自動車には含まれない）。

### ②「原則」と「例外」に注意する

交通ルールには、例外のあるものがあります。問題文に「必ず」「絶対に」「すべての」などの言葉が出てきたときは、例外がないか考えましょう。

**例** 車は「立入り禁止部分」の標示内に、絶対に入ってはならない。
絶対に入ってはならないので答えは○。

### ③数字は確実に覚えておく

禁止場所や重量制限などで出てくる数字は、暗記しておかないと問題の正誤を判断できません。また、範囲を示す言葉は意味を間違えないようにしましょう。

**例** 以上・以下・以内→その数字を含む。
未満・超える→その数字を含まない。

## イラスト問題

イラスト問題は「危険を予測した運転」がテーマ。イラストに示された場面で、運転者がどのように運転すれば安全か、またどのように危険を回避すべきかを問う問題です。「～かもしれない」という考え方で運転することが大切になります。

# 本書の活用法

## ●項目別 試験に出る交通ルール早わかり

交通ルールを大きく4つに分類！

交通用語は意味を正しく理解するうえで知っておかなければならないもの。補足解説とあわせてチェックしよう

ルールごとのキーワード。しっかり覚えておこう

このテーマで間違いやすい内容を紹介。正しく暗記しておこう

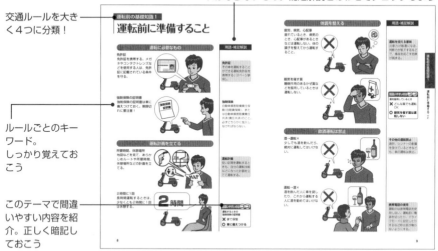

## ●これでバッチリ合格！ 原付模擬テスト

原付模擬テストを8回分収録。制限時間を守ってトライしよう

欄外にはこのページで紹介した問題に出てくるルールを部分解説。詳細は交通ルールに戻って確認しよう

右ページに答えがあるので、問題を解いたらすぐ○×を確認できる

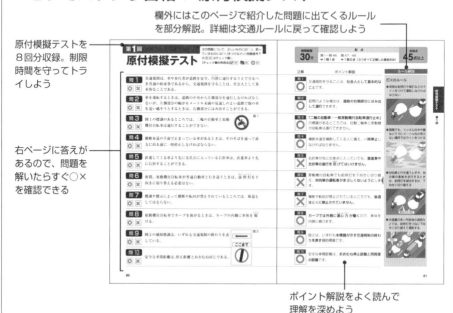

ポイント解説をよく読んで理解を深めよう

# 運転前に準備すること

## 運転に必要なもの

**免許証**
免許証を携帯する。メガネやコンタクトレンズなどを使用する人は、免許証に記載されている条件を守る。

**強制保険の証明書**
強制保険の証明書は車に備えつけておく。期限切れに要注意！

## 運転計画を立てる

**所要時間、休憩場所**
地図などを見て、あらかじめルートや所要時間、休憩場所などの計画を立てる。

**2時間に1回**
長時間運転するときは、少なくとも2時間に1回は休憩する。

## 用語・補足解説

**免許証**
その車を運転することができる運転免許証を携帯する（12ページ参照）。

**強制保険**
自動車損害賠償責任保険（自賠責保険）、または自動車損害賠償責任共済（責任共済）のこと。必ずどちらかに加入しなければならない。

**運転計画**
短い区間を運転するときも、自分の運転技能などに合った計画を立てて運転する。

**間違いやすいのは ココ**
運転するときの強制保険の証明書
✗ 家で保管
〇 車に備えつける

## 体調を整える

**疲労、病気、心配事**
疲れているとき、病気のとき、心配事があるときなどは運転しない。体の調子を整えてから運転すること。

**眠気を催す薬**
睡眠作用のあるかぜ薬などを服用しているときは運転しない。

## 飲酒運転は禁止

**酒→運転×**
少しでも酒を飲んだら、絶対に運転してはいけない。

**運転→酒×**
酒を飲んだ人に車を貸したり、これから運転する人に酒を勧めてはいけない。

## 用語・補足解説

**運転を控える意味**
注意力が散漫になる、判断力が低下するなどで、事故を起こす危険が高まる。

**間違いやすいのは**
薬を服用しているとき
✕ どんな薬でも運転OK
〇 **眠気を催す薬は運転しない**

**その他の運転禁止**
過労、シンナーの影響を受けているときなども、車の運転は禁止。

**携帯電話の使用**
運転中は携帯電話を使用しない。運転前に電源を切ったり、ドライブモードに設定したりするなど呼出音が鳴らないようにする。

運転前の基礎知識 1

運転前に準備すること

9

# 二輪車の正しい服装と乗車姿勢

## 運転に適した服装

●ヘルメット…乗車用のものを正しく着用する。工事用安全帽は乗車用ヘルメットではないので、代用できない。

●プロテクター

万一の転倒に備え、できるだけ着用する。

●ウェア…体の露出が少ない長そで、長ズボンを着用し、目につきやすい色のものを選ぶ。

●グローブ…万一の転倒に備えて着用する。操作性のよいものを選ぶ。

●靴…げたやハイヒールなどは運転の妨げになるおそれがあるので避け、乗車用ブーツか運動靴を履く。

---

### 用語・補足解説

**ヘルメット**
PS（c）マークかJISマークのついた安全な乗車用ヘルメットをかぶる。

**夜間の服装**
反射性の衣服や反射材のついたヘルメットを着用する。

**間違いやすいのはココ**

工事用安全帽
✕ 乗車用ヘルメット
○ **乗車用ヘルメットにならない**

## 正しい乗車姿勢

●目…視線を前方に向け、周囲の情報をつねに収集する。

●肩…力を抜き、自然体を保つ。

●手…グリップを軽く握り、ハンドルを前に押すようなつもりで持つ。

●ひじ…下に少し曲げて、衝撃を吸収する。

●腰…運転操作しやすい位置に着座する。

●ひざ…シートやタンクを軽くはさむ。

●足…ステップ（ボード）に足をのせ、つま先を前方に向ける。

### 用語・補足解説

**正しい運転姿勢**
安全運転につながるばかりでなく、疲労を軽減できる。

**ニーグリップ**
二輪車を運転するとき、ひざでタンクをはさみ込むこと。

間違いやすいのは **ココ**

グリップの握り方

✗ 強く握り、ハンドルを手前に引く

○ **軽く握り、ハンドルを前に押す**

# 運転免許と自動車などの種類

## 運転免許は3種類

**第一種運転免許**
自動車や原動機付自転車を運転するときに必要。

**第二種運転免許**
タクシーなどの旅客自動車を旅客運送する場合や、代行運転普通自動車を運転するときに必要。

**仮運転免許**
練習や試験などのために大型・中型・準中型・普通自動車を運転するときに必要。

仮免許
練習中

### 用語・補足解説

**代行運転**
おもに酒気を帯びた客に代わって自動車を運転するサービス業。代行運転するときは、第二種免許が必要になる。

## 第一種免許で運転できる車

| 免許の種類 ＼ 運転できる車 | 大型自動車 | 中型自動車 | 準中型自動車 | 普通自動車 | 大型特殊自動車 | 大型自動二輪車 | 普通自動二輪車 | 小型特殊自動車 | 原動機付自転車 |
|---|---|---|---|---|---|---|---|---|---|
| 大型免許 | ● | ● | ● | ● | | | | ● | ● |
| 中型免許 | | ● | ● | ● | | | | ● | ● |
| 準中型免許 | | | ● | ● | | | | ● | ● |
| 普通免許 | | | | ● | | | | ● | ● |
| 大型特殊免許 | | | | | ● | | | ● | ● |
| 大型二輪免許 | | | | | | ● | ● | ● | ● |
| 普通二輪免許 | | | | | | | ● | ● | ● |
| 小型特殊免許 | | | | | | | | ● | |
| 原付免許 | | | | | | | | | ● |
| けん引免許 | 大型・中型・準中型・普通・大型特殊自動車でほかの車をけん引するときに必要。ただし、車両総重量750キログラム以下の車をけん引するときや、故障車をロープなどでけん引する場合はけん引免許は必要ない。 | | | | | | | | |

＊**特定小型原動機付自転車**：いわゆる電動キックボード等をいい、原付免許は必要ない。16歳以上で運転できる。

| 大型自動車 | 大型特殊自動車、大型・普通自動二輪車、小型特殊自動車以外の自動車で、次の条件のいずれかに該当する自動車。<br>●車両総重量… 11,000キログラム以上のもの<br>●最大積載量… 6,500キログラム以上のもの<br>●乗車定員…… 30人以上のもの |
|---|---|
| 中型自動車 | 大型自動車、大型特殊自動車、大型・普通自動二輪車、小型特殊自動車以外の自動車で、次の条件のいずれかに該当する自動車。<br>●車両総重量… 7,500キログラム以上11,000キログラム未満のもの<br>●最大積載量… 4,500キログラム以上6,500キログラム未満のもの<br>●乗車定員…… 11人以上29人以下のもの |
| 準中型自動車 | 大型自動車、中型自動車、大型特殊自動車、大型・普通自動二輪車、小型特殊自動車以外の自動車で、次のいずれに該当する自動車。<br>●車両総重量… 3,500キログラム以上7,500キログラム未満のもの<br>●最大積載量… 2,000キログラム以上4,500キログラム未満のもの<br>●乗車定員…… 10人以下のもの |
| 普通自動車 | 大型自動車、中型自動車、準中型自動車、大型特殊自動車、大型・普通自動二輪車、小型特殊自動車以外の自動車で、次の条件のすべてに該当する自動車。<br>●車両総重量… 3,500キログラム未満のもの<br>●最大積載量… 2,000キログラム未満のもの<br>●乗車定員…… 10人以下のもの |
| 大型特殊自動車 | 特殊な構造をもち、特殊な作業に使用する自動車で、最高速度や車体の大きさが小型特殊自動車に当てはまらない自動車。 |
| 大型自動二輪車 | エンジンの総排気量が400ccを超え、または定格出力が20.00キロワットを超える二輪の自動車(側車付きを含む)。 |
| 普通自動二輪車 | エンジンの総排気量が50ccを超え400cc以下、または定格出力0.60キロワットを超え20.00キロワット以下の二輪の自動車(側車付きを含む)。 |
| 小型特殊自動車 | 次の条件すべてに該当する特殊な構造をもつ自動車。<br>●最高速度が時速15キロメートル以下のもの<br>●長さ4.70メートル以下、幅1.70メートル以下、高さ2.00メートル以下(ヘッドガードなどにより2.00メートルを超え、2.80メートル以下を含む)のもの |
| 原動機付自転車 | エンジンの総排気量が50cc以下、または定格出力0.60キロワット以下の二輪のもの(スリーターを含む)。 |

＊**遠隔操作型小型車**：いわゆる自動配送ロボット等をいい、遠隔操作で通行する車。速度や大きさに一定の基準があり、歩行者と同様の交通ルールで操縦される。

運転前の基礎知識3

運転免許と自動車などの種類

# 日常点検の方法

## 点検の方法

**座る、回る、運転する**
運転席に座ったり、車の周囲を回ったり、実際に運転したりして点検する。

## 点検を行うおもな箇所と内容

### ハンドル

ガタはないか、重くないか、ワイヤーは引っかかっていないか。

### ブレーキ

あそび

あそび、効きは十分か。

### 灯火類

前照灯、制動灯、方向指示器などは点灯するか。

### マフラー

完全に取り付けられているか、穴はあいていないか。

### エンジン

正常にかかるか、加速できるか。

### タイヤ

空気圧は十分か、溝はあるか。

---

### 用語・補足解説

**日常点検**
日ごろ車を使用する人が、走行距離や運行時の状態などから判断した適切な時期に、自分自身の責任で行う点検のこと。

**ブレーキのあそび**
レバーを握ったり、ペダルを踏んだりしたとき、ブレーキが効かない余裕の部分。10〜20ミリくらいがよい。

**間違いやすいのは ココ**
日常点検を行う人
✗ 販売店などの業者
○ 運転者自身

**タイヤ**
空気圧や溝のほか、異物が刺さっていないか、亀裂や傷がないかについても点検する。

# 乗車定員と積載制限

## 原動機付自転車の乗車定員

**二人乗りは禁止**
原動機付自転車の乗車定員は、運転者のみ1人。二人乗りは禁止されている。

### 用語・補足解説

**間違いやすいのは ココ**
原動機付自転車の乗車定員
✕ 運転者＋1人
◯ 運転者のみ1人

## 原動機付自転車でけん引するとき

**リヤカーなどを1台**
原動機付自転車は、リヤカーなどの軽車両を1台けん引できる。
荷物の重さは120キログラム以下。

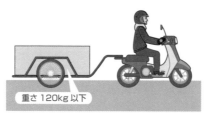

重さ120kg以下

**軽車両**
自転車（低出力の電動機のついたハイブリッド自転車を含む）、荷車、リヤカー、そり、牛馬などをいう。

## 原動機付自転車に積める荷物の大きさと重さの制限

● 重さ…30キログラム以下。

● 幅…荷台の幅＋左右に各0.15メートル以下。

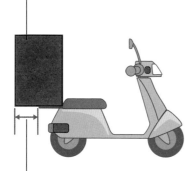

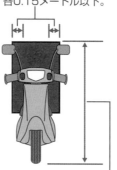

**確実に積むこと**
ロープなどで荷物を確実に固定し、荷物が転落や飛散しないようにする。

**積載時の注意点**
ナンバープレートや尾灯、方向指示器などが見えなくなるような積み方をしてはいけない。

● 長さ…荷台の長さ＋後方に0.3メートル以下。

● 高さ…地上から2メートル以下。

# 信号の種類と意味

## 青色の灯火信号

**自動車は進行可**
車（軽車両と二段階右折が必要な原動機付自転車を除く）や路面電車は、直進、左折、右折できる。軽車両は、直進、左折できる。

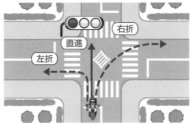

**二段階右折の原付**
二段階右折する原動機付自転車は、交差点を直進して右折地点までまっすぐ進んで向きを変え、前方の信号が青になってから進行する。

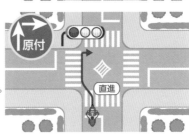

## 黄色の灯火信号

**停止位置で停止が原則**
車や路面電車は、停止位置から先に進んではいけない。ただし、停止位置に近づいていて安全に停止できないときは、そのまま進める。

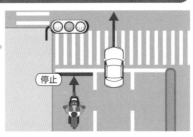

## 赤色の灯火信号

**停止位置で停止**
車や路面電車は、停止位置を越えて進んではいけない。

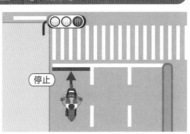

---

### 用語・補足解説

**「～できる」の意味**
「～できる」は「～しなさい」ではない。青色の灯火は「進める」で、「進め」ではない。

**信号機**
道路の交通に関し、電気によって操作された灯火により、交通整理などのための信号を表示する装置。

**二段階右折**
軽車両や原動機付自転車の右折方法。ただし、原動機付自転車は、2車線以下の交差点などでは自動車と同じ方法で右折できる（41ページ参照）。

**安全に停止できないとき**
急ブレーキをかけなければならないときや、停止しても交差点内で止まってしまうようなときなどをいう。

### 間違いやすいのはココ

二段階右折の原動機付自転車

✕ 青信号で右折できる

〇 青信号でも右折できない

## 青色の矢印信号

**二段階右折の原付**
車は、矢印の方向に進める（右向き矢印の場合、転回することもできる）。右向き矢印の場合、軽車両と二段階右折する原動機付自転車は、進行できない。

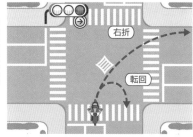

右折

転回

## 黄色の矢印信号

**路面電車だけ進行可**
路面電車は、矢印の方向に進める。車は進行できない。

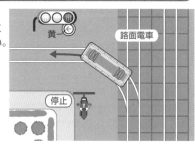

黄

路面電車

停止

## 赤色の点滅信号

**停止位置で一時停止**
車や路面電車は、停止位置で一時停止し、安全を確認したあとに進行できる。

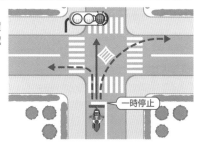

一時停止

## 黄色の点滅信号

**他の交通に注意**
車や路面電車は、他の交通に注意して進行できる。

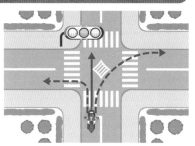

---

## 用語・補足解説

**軽車両**
自転車（低出力の電動機のついたハイブリッド自転車を含む）、荷車、リヤカー、そり、牛馬などをいう。

**路面電車**
道路上をレール（軌道）により運転する電車をいう。区分では車（車両）ではなく、「車など（車両等）」になる。

### 間違いやすいのは **ココ**

黄色の矢印信号

✘ 車は矢印の方向に
　進める

◯ 路面電車は矢印の
　方向に進める

**「左折可」の標示板があるとき**
車は、前方の信号が赤や黄でも、他の交通に注意して左折できる。

左折可の標示板

# 警察官などの
# 手信号・灯火信号の意味

## 腕を横に水平に上げているとき

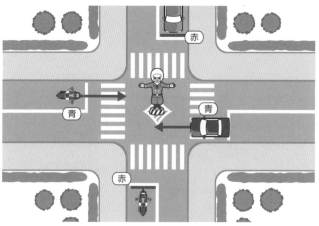

赤

青

青

赤

身体の正面に対面する交通は、赤色の灯火信号と同じ。
身体の正面に平行する交通は、青色の灯火信号と同じ。

## 腕を垂直に上げているとき

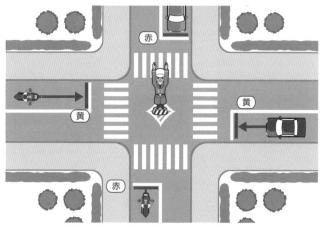

赤

黄

黄

赤

身体の正面に対面する交通は、赤色の灯火信号と同じ。
身体の正面に平行する交通は、黄色の灯火信号と同じ。

### 用語・補足解説

**警察官など**
警察官と交通巡視員のことをいう。

**交通巡視員**
歩行者や自転車の通行の安全確保と、駐停車の規制や交通整理などの職務を行う警察職員。

### 間違いやすいのはココ

手信号をしている警察官の身体の正面に対面する交通

✕ 腕の位置によって青または黄信号

◯ 腕の位置にかかわらずすべて赤信号

## 灯火を横に振っているとき

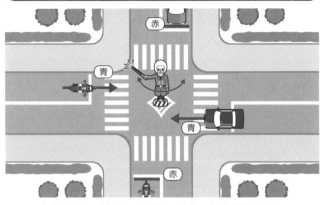

身体の正面に対面する交通は、赤色の灯火信号と同じ。
身体の正面に平行する交通は、青色の灯火信号と同じ。

## 灯火を頭上に上げているとき

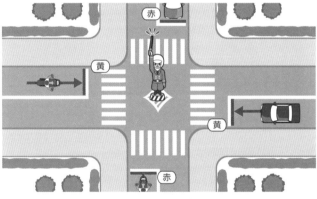

身体の正面に対面する交通は、赤色の灯火信号と同じ。
身体の正面に平行する交通は、黄色の灯火信号と同じ。

## 信号機と警察官などの信号が異なるとき

**警察官などが優先**
警察官などの手信号・灯火
信号に従って通行する。

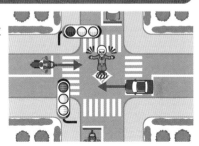

### 用語・補足解説

信号機があり、停止
線がないところでの
車の停止位置

**交差点あり**
交差点の直前。

**横断歩道・自転車横断
帯・踏切あり**
それらの直前。

**横断歩道・自転車横断
帯・踏切なし**
信号機の直前。

**警察官などが手信号・
灯火信号をしていると
ころの交差点以外で、
横断歩道・自転車横断
帯・踏切なし**
警察官などの1メート
ル手前。

**警察官などの身体の
背面の交通**
身体の正面と同じ意味
になる。

運転前の基礎知識7

警察官などの手信号・灯火信号の意味

間違いやすいのは **ココ**

信号は赤、手信号は青
✕ 進めない
〇 進める

# 標識の種類と意味

## 本標識は4種類

### 規制標識
特定の交通方法を禁止したり、特定の方法に従って通行するよう指定したりするもの。

| 車両通行止め | 自動車専用 | 専用通行帯 | 徐行 |
|---|---|---|---|
|  |  |  |  |

### 指示標識
特定の交通方法ができることや、道路交通上決められた場所などを指示するもの。

| 軌道敷内通行可 | 優先道路 | 横断歩道 | 安全地帯 |
|---|---|---|---|
|  |  |  |  |

### 警戒標識
道路上の危険や注意すべき状況などを前もって道路利用者に知らせて注意を促すもの。

| 学校、幼稚園、保育所などあり | 幅員減少 | 下り急こう配あり | 道路工事中 |
|---|---|---|---|
| 黄 | 黄 | 黄 | 黄 |

### 案内標識
地点の名称、方面、距離などを示して、通行の便宜を図ろうとするもの。

| 方面と方向の予告 | 入口の予告 | 待避所 | 国道番号 |
|---|---|---|---|
|  | 緑 |  |  |

## 用語・補足解説

**標識**
道路の交通に関し、規制や指示などを示す標示板のことで、本標識と補助標識がある。

**本標識**
交通規制などを示す標示板のこと。全部で4種類ある。

**補助標識**
本標識に取り付けられ、その意味を補足するもの。

**軌道敷**
路面電車が通行するために必要な道路の部分で、レールの敷いてある内側部分とその両側0.61メートルの範囲。

**急こう配**
おおむね10％（約6度）以上のこう配の坂。

### 間違いやすいのは ココ
補助標識
× 本標識に含まれる
○ 本標識に含まれない

## おもな規制標識の意味

### 通行止め

歩行者、遠隔操作型小型車、車、路面電車のすべてが通行できない。

### 二輪の自動車以外の自動車通行止め

大型・普通自動二輪車以外の自動車は通行できない。原動機付自転車では通行できる。

### 指定方向外進行禁止

車は、矢印の方向だけしか進行できない。上記の場合は、直進、左折しかできない。

### 車両横断禁止

車は、道路の右側に横断できない。

### 追越しのための右側部分はみ出し通行禁止

車は、追い越しのために道路の右側部分にはみ出して通行してはいけない。

### 駐車禁止

車は、駐車してはいけない。8-20は駐車禁止の時間帯を表す。

### 駐停車禁止

車は、駐停車してはいけない。8-20は駐停車禁止の時間帯を表す。

### 最高速度

示された速度を超えて運転してはいけない（原動機付自転車は時速30キロメートル）。

### 歩行者等専用

歩行者専用道路を表し、車は原則として通行できない。

### 路線バス等優先通行帯

路線バス等の優先通行帯を表す。

### 一般原動機付自転車の右折方法（二段階）

原動機付自転車は、二段階の方法で右折しなければならない。

### 一般原動機付自転車の右折方法（小回り）

原動機付自転車は、小回りの方法で右折しなければならない。

## 用語・補足解説

**二輪の自動車**
大型自動二輪車、普通自動二輪車のことをいう。原動機付自転車は自動車ではないので、含まれない。

**車両横断禁止**
道路の左側の施設に入るための、左折を伴う横断は禁止されていない。

**駐車**
車の継続的な停止、運転者が車から離れていてすぐに運転できない状態での停止をいう。

**間違いやすいのは**

下記の標識のある場所での原動機付自転車の最高速度

✕ 時速40キロメートル
〇 時速30キロメートル

**路線バス等**
路線バスのほか、通学・通園バス、公安委員会が認めた通勤バスなどのことをいう。

# 標示の種類と意味

## おもな規制標示の意味

| 規制標示 | 特定の交通方法を禁止したり、特定の方法に従って通行するよう指定したりするもの。 |
| --- | --- |

### 進路変更禁止

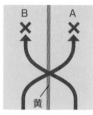

AからBへ、BからAへいずれも進路変更できない。

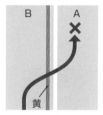

AからBへは進路変更できるが、BからAへは進路変更できない。

### 駐停車禁止

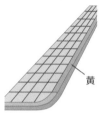

車は駐停車してはいけない。

### 最高速度

示された速度を超えて運転してはいけない（上記の場合は時速30キロメートル）。

### 立入り禁止部分

車が入ってはいけない部分を表す。

### 停止禁止部分

車が停止してはいけない部分を表す。

### 駐停車禁止路側帯

車の駐停車が禁止されている路側帯を表す。

### 歩行者用路側帯

車の駐停車と、特例特定小型原動機自転車、軽車両の通行が禁止されている路側帯を表す。

### 終わり

表示する交通規制の区間の終わりを表す（上記は転回禁止区間の終わり）。

---

**標示**
道路の交通に関し、規制や指示のため、ペイントやびょうなどによって路面に示された線や記号、文字のこと。

**車両通行帯**
車が道路の定められた部分を通行するように標示によって示された道路の部分をいう。一般に「車線」「レーン」ともいう。

### 間違いやすいのは ココ

停止禁止部分
✕ 通過もできない
⭕ 停止はできないが通過はできる

**路側帯**
歩行者の通行のためや、車道の効用を保つため、歩道のない道路（片側に歩道があるときは歩道のない側）に、白線によって区分された道路の端の帯状の部分をいう。

指示標示 | 特定の交通方法ができることや、道路交通上決められた場所などを指示するもの。

### 横断歩道

横断歩道であることを表す。

### 自転車横断帯

自転車横断帯であることを表す。

### 右側通行

車が道路の右側部分にはみ出して通行できることを表す。

**自転車横断帯**

標識や表示により、自転車が横断するための場所であることが示されている道路の部分をいう。

**間違いやすいのは ココ**

「右側通行」の標示

✕ 右側にはみ出して通行しなければならない

◯ **右側にはみ出して通行できる**

### 二段停止線

二輪車と四輪車の停止位置を表す。

### 進行方向

前方の交差点で進行できる方向を表す。

### 安全地帯

安全地帯であることを表す。

**安全地帯**

路面電車に乗り降りする人や道路を横断する歩行者の安全を図るために、道路上に設けられた島状の施設や、標識や標示によって示された道路の部分。

### 路面電車停留場

路面電車の停留場であることを表す。

### 横断歩道または
自転車横断帯あり

前方に横断歩道や自転車横断帯があることを表す。

### 前方優先道路

標示がある前方の交差する道路が優先道路であることを表す。

**優先道路**

「優先道路」の標識がある道路や、交差点の中まで中央線や車両通行帯がある道路。

# 車が通行するところ

## 車道を通行する

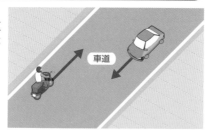

**車は車道**
歩道や路側帯と車道の区別のある道路では、車は車道を通行する。

## 左側通行の原則

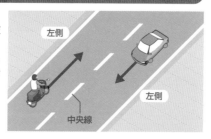

**左側通行**
車は、道路の中央から左の部分を通行する。
中央線がある道路では、その中央線から左の部分を通行する。

## 車両通行帯があるとき

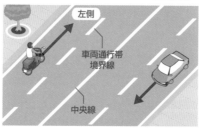

**右側は追い越しなど**
片側2車線の道路では、車は原則として左側の車両通行帯を通行する(右側は追い越しなどのためにあけておく)。

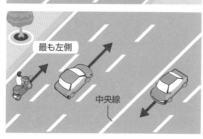

**原付は最も左側**
片側3車線以上の道路では、原動機付自転車は、原則として最も左側の車両通行帯を通行する。

### 用語・補足解説

**車道**
車の通行のため、縁石線、さく、ガードレールなどの工作物や道路標示によって区分された道路の部分。

**歩道**
歩行者の通行のため、縁石線、さく、ガードレールなどの工作物によって区分された道路の部分。

**車両通行帯**
車が道路の定められた部分を通行するように標示によって示された道路の部分をいう。一般に「車線」「レーン」ともいう。

### 間違いやすいのはココ

2車線の道路では

✗ 原動機付自転車は左側、自動車は右側

○ **原動機付自転車、自動車ともに左側**

## 左側通行の例外

次の場合は、道路の中央から右の部分にはみ出して通行することができる。ただし、一方通行の場合以外、はみ出し方は最小限にしなければならない。

### 一方通行
道路が一方通行になっているとき。

### 工事など
工事などで、左側部分だけでは通行するために十分な道幅がないとき。

### 6メートル未満の幅
左側部分の幅が6メートル未満の見通しのよい道路で追い越しをするとき（標識などで禁止されている場合を除く）。

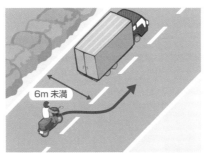

6m 未満

### 標示あり
「右側通行」の標示があるとき。

右側通行の標示

---

### 用語・補足解説

中央線
必ずしも道路の中央にあるとは限らない。

間違いやすい標識・標示板

一方通行

左折可（標示板）

追越しのための右側部分はみ出し通行禁止の標識・標示

中央線（黄）

間違いやすいのは ここ

一方通行の道路

✕ はみ出し方は最小限

○ はみ出し方の制限なし

# 車が通行してはいけないところ

## 標識や標示で通行が禁止されているところ（一例）

| 通行止め | 歩行者等専用 | 立入り禁止部分 | 安全地帯 |
|---|---|---|---|
|  |  |  |  |
| | | 黄 | 黄 |

## 原動機付自転車が通行できないところ

**二輪の自動車・
一般原動機付
自転車通行止め**

**自動車専用
（高速自動車道・
自動車専用道路）**

## 歩道や路側帯は原則として通行禁止

**歩道・路側帯**
車は、歩道や路側帯を通行してはいけない。

**横切るときは例外**
ただし、道路に面した場所に出入りするため横切るときは通行できる。この場合、歩行者の有無にかかわらず、その直前で一時停止しなければならない。

一時停止

---

### 用語・補足解説

**安全地帯**
路面電車に乗り降りする人や道路を横断する歩行者の安全を図るために、道路上に設けられた島状の施設や、標識や標示によって示された道路の部分。

**二輪車のエンジンを止めて押して歩くとき**
歩行者として扱われるので、歩道や路側帯を通行できる（側車付きやけん引している場合を除く）。

---

**間違いやすいのは ココ**

歩道や路側帯を横切るとき
**✕** 歩行者などがいるときだけ一時停止
**〇** つねに一時停止

## 歩行者用道路は原則として通行禁止

**歩行者用道路**
車は、歩行者用道路を通行してはいけない。

**許可を受けた車は例外**
ただし、沿道に車庫を持つなどを理由に許可を受けた車だけは通行できる。この場合、歩行者の通行に十分注意して徐行しなければならない（歩行者がいないときでも徐行）。

## 軌道敷内は原則として通行禁止

**軌道敷内**
車は、軌道敷内を通行してはいけない。

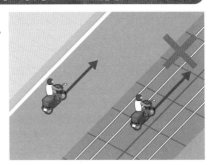

**やむを得ないときは例外**
ただし、右折する場合や危険防止、道路工事などでやむを得ない場合は通行できる。

## 用語・補足解説

**歩行者用道路**
歩行者の通行の安全を図るため、標識によって車の通行が禁止されている道路。

**徐行**
車がすぐに停止できるような速度で進行することをいう。ブレーキを操作してから停止するまでの距離が、おおむね1メートル以内で、時速10キロメートル以下の速度をいう。

**間違いやすいのは ここ**

歩行者用道路

✕ 徐行をすれば車も通行できる

○ 許可を受けた車は徐行して通行できる

**軌道敷**
路面電車が通行するために必要な道路の部分で、レールの敷いてある内側部分とその両側0.61メートルの範囲。

**「軌道敷内通行可」の標識**
下記の標識がある場合、自動車は軌道敷内を通行できる。

道路の通行方法2 　車が通行してはいけないところ

# 徐行すべき場所と場合

## 徐行しなければならない場所

**標識あり**
「徐行」の標識(下記)があるところ。

**例外が２つあり**
左右の見通しがきかない交差点(信号機がある場合や、優先道路を通行している場合を除く)。

**曲がり角**
道路の曲がり角付近。

**上り坂の途中は指定外**
上り坂の頂上付近、こう配の急な下り坂。

## 用語・補足解説

**徐行**
車がすぐに停止できるような速度で進行することをいう。ブレーキを操作してから停止するまでの距離が、おおむね１メートル以内で、時速10キロメートル以下の速度をいう。

**優先道路**
「優先道路」の標識のある道路や、交差点の中まで中央線や車両通行帯がある道路をいう。

### 間違いやすいのは ココ

道路の曲がり角付近

✕ 見通しのきかないときだけ徐行

〇 見通しに関係なく徐行

**こう配の急な下り坂**
おおむね10％(約6度)以上のこう配の下り坂をいう。

## 徐行しなければならない場合

許可を受けて歩行者用道路を通行するとき

歩行者などの側方を通過するときに、安全間隔がとれないとき

道路外に出るため、または交差点で左折または右折するとき。

安全地帯がある停留所で、停車中の路面電車の側方を通過するとき。

安全地帯のない停留所で、乗降客がなく路面電車との間に1.5メートル以上の間隔がとれる場合に、側方を通過するとき。

児童や園児の乗り降りのために停車中の、通学・通園バスの側方を通過するとき。

優先道路、または道幅の広い道路に入ろうとするとき。

ぬかるみや水たまりのある場所を通行するとき（徐行などをする）。

ひとり歩きの子ども、通行に支障がある高齢者などの通行を保護するとき（徐行または一時停止）。

歩行者のいる安全地帯の側方を通行するとき。

**安全な間隔の目安**
歩行者などが前から接近してきたときは1メートル以上、歩行者などの背後から接近するときは1.5メートル以上。

**安全地帯**
路面電車に乗り降りする人や道路を横断する歩行者の安全を図るために、道路上に設けられた島状の施設や、標識と標示によって示された道路の部分。

**路面電車**
道路上をレールにより運転する電車。

**交差点**
十字路、Ｔ字路など、2つ以上の道路が交わる部分。

間違いやすいのは**ココ**
交差点で右左折するときの徐行義務

✗ 信号機がない
交差点だけ

〇 信号機の有無に
かかわらず徐行

# 歩行者などのそばを通るとき

## 歩行者や自転車のそばを通るとき

**安全な間隔**
歩行者や自転車との間に安全な間隔をあける。

安全な間隔

**あけられないときは、徐行**
安全な間隔をあけられないときは徐行する。

徐行

## 安全地帯のそばを通るとき

**歩行者ありは徐行**
安全地帯に歩行者がいるときは徐行する。

徐行　安全地帯

**歩行者なしはそのまま**
安全地帯に歩行者がいないときはそのまま進行できる。

そのまま進行

### 用語・補足解説

**歩行者**
道路を通行している人をいう。身体障害者用の車いす、小児用の車、歩行補助車などに乗っている人は歩行者として扱われる。

**自転車**
人の力で運転する二輪以上の車（低出力の電動機のついたハイブリッド自転車を含む）。

**間違いやすいのはココ**

安全地帯のそば
✕ つねに徐行
〇 歩行者がいるときだけ徐行

**安全地帯**
路面電車に乗り降りする人や道路を横断する歩行者の安全を図るために、道路上に設けられた島状の施設や、標識と表示によって示された道路の部分。

## 停止中の路面電車のそばを通るとき

**原則は停止**
後方で停止し、乗降客や横断する人がいなくなるまで待つ。

**例外は2つ**
ただし、安全地帯があるときと、安全地帯がなく乗降客がいない場合で、路面電車との間に1.5メートル以上の間隔がとれるときは、徐行して進行できる。

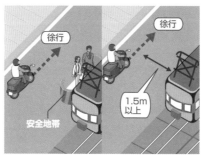

## 停止中の車のそばを通るとき

**車のドア**
止まっている車のドアが急に開くことがあるので、十分注意する。

**人の飛び出し**
車のかげから人が飛び出すことがあるので、十分注意する。

**路面電車**
道路上をレールにより運転する電車。

間違いやすいのは**ココ**

停止中の路面電車のそば
✕ 必ず後方で一時停止
○ **安全地帯があるなどの場合は、徐行して進める**

**水たまりやぬかるみがあるとき**
水や泥をはねて歩行者に迷惑をかけないように、徐行するなどして注意して通行する。

道路の通行方法4

歩行者などのそばを通るとき

# 横断歩道などを通行するとき

## 横断歩道に近づいたとき

**いない→そのまま**
横断する人が明らかにいないときは、そのまま進行できる。

そのまま進行

**不明→停止できる速度**
横断する人がいるかいないか明らかでないときは、停止できるような速度で進行する。

停止できるような速度

**いる→停止**
横断する人、横断しようとしている人がいるときは、一時停止して歩行者に道を譲る。

一時停止

## 自転車横断帯に近づいたとき

**歩行者と同様**
自転車に対しても、歩行者と同様に道を譲らなければならない。

一時停止

### 用語・補足解説

**横断歩道**
標識や標示（下記・一例）により、歩行者が横断するための場所であることが示されている道路の部分。

**間違いやすいのはココ**
横断歩道を横断する人がいるかどうかわからない
✕ そのまま通過
〇 停止できる速度に落とす

**自転車横断帯**
標識や標示（下記）により、自転車が横断するための場所であることが示されている道路の部分。

## 横断歩道の手前に停止車両があるとき

**安全を確認**
停止車両の前方に出る前に一時停止して安全を確認しなければならない。

一時停止

## 横断歩道や自転車横断帯とその手前では

**追い越し・追い抜き禁止**
横断歩道や自転車横断帯とその手前から30メートル以内の場所では、追い越しと追い抜きが禁止されている。

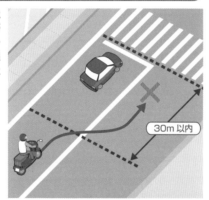

30m 以内

## 近くを歩行者が横断しているとき

**歩行者優先**
横断歩道のない交差点やその近くを歩行者が横断しているときは、その通行を妨げてはいけない。

一時停止など

---

## 用語・補足解説

**横断歩道の手前に停止車両があるとき、一時停止する理由**
車のかげから横断歩道を横断する人がいるおそれがあるため、一時停止して安全を確認する。

**間違いやすいのは ココ**

横断歩道とその手前30メートル以内

✕ 追い越しは禁止だが、追い抜きはできる

○ 追い越し・追い抜き禁止

**追い越し**
車が進路を変えて、進行中の前車の前方に出ること。

**追い抜き**
車が進路を変えずに、進行中の前車の前方に出ること。

# 子どもや高齢者などの そばを通るとき

## 一時停止か徐行をして保護する人

| |
|---|
| ひとりで歩いている子ども |
| 身体障害者用の車いすで通行している人 |
| 白か黄のつえを持って歩いている人 |
| 盲導犬を連れた人 |
| 通行に支障がある高齢者など |

**一時停止または徐行**
上記の人が通行しているときは、一時停止か徐行をして安全に通行できるようにする。

一時停止
または
徐行

## 停止中の通学・通園バスのそばを通るとき

**バスのそばは徐行**
徐行して安全を確かめなければならない。

徐行

## 学校、幼稚園などの付近を通るとき

**子どもの飛び出しに注意**
子どもが突然飛び出してくることがあるので、注意して通行する。

### 用語・補足解説

**徐行**
車がすぐに停止できるような速度で進行することをいう。ブレーキを操作してから停止するまでの距離がおおむね1メートル以内で、時速10キロメートル以下の速度をいう。

### 間違いやすいのは ココ

停止中の通学・通園バスのそば
✕ 後方で一時停止
〇 徐行

**間違いやすい標識**
「学校、幼稚園、保育所などあり」の警戒標識

黄

「横断歩道」の指示標識

## 車に表示するマークの種類

### 初心者マーク
準中型免許または普通免許を受けて1年未満の人が準中型・普通自動車を運転するときに付けるマーク。

黄　　　緑

### 高齢者マーク
70歳以上の人が普通自動車を運転するときに付けるマーク。

オレンジ　黄緑
黄　　　緑

### 身体障害者マーク
身体に障害がある人（免許証に条件が記載せれている人が対象）が普通自動車を運転するときに付けるマーク。

### 聴覚障害者マーク
聴覚に障害がある人（免許証に条件が記載されている人が対象）が準中型・普通自動車を運転するときに付けるマーク。

黄　　　緑

### 仮免許練習標識
練習などのために大型・中型・準中型・普通自動車を運転するときに付けるマーク。

**マークを付ける位置**
自動車の前と後ろの定められた位置（地上0.4メートル以上、1.2メートル以下の見やすい位置）。

**仮免許**
第一種免許を受ける人が、練習などのために大型自動車、中型自動車、準中型自動車、普通自動車を運転しようとするときに必要な免許。

## マークを付けた車の保護

**幅寄せ禁止**
車の側方に幅寄せしてはいけない。

**割り込み禁止**
前方に無理に割り込んだりしてはいけない。

＊ともに、危険を避けるためやむを得ない場合を除く。

**間違いやすいのはココ**
初心者マークなどを付けた車
✕ 追い越し・追い抜き禁止
〇 幅寄せ・割り込み禁止

道路の通行方法6

子どもや高齢者などのそばを通るとき

# 原動機付自転車の最高速度

## 法定速度を守る

| 原動機付自転車<br>の法定速度<br>時速<br>**30**<br>キロメートル | 自動車の<br>法定速度<br>時速<br>**60**<br>キロメートル |
| --- | --- |
|  |  |

**法定速度以下**
標識や標示で最高速度が指定されていない道路では、法定速度を超えて運転してはいけない。

時速30km以下

時速60km以下

## リヤカーをけん引しているときの法定速度

**リヤカーけん引時は時速25キロメートル**
原動機付自転車でリヤカーをけん引するときの法定速度は、時速25キロメートル。

---

### 用語・補足解説

**法定速度**
標識や標示で指定されていない道路での最高速度。

**間違いやすいのは ココ**

原動機付自転車の法定速度
✕ 時速
　60キロメートル
〇 **時速**
　**30キロメートル**

**特定小型原動機付自転車の最高速度**
①車道……時速20キロメートル以下
②歩道等…時速6キロメートル以下

**けん引**
けん引自動車で他の車を運んだり、故障車などをロープやクレーンなどで引っ張ったりすることをいう。原動機付自転車は、リヤカーなどの軽車両を1台、けん引して運転することができる。

## 規制速度を守る

**規制速度以下**
標識や標示で最高速度が指定されている道路では、規制速度を超えて運転してはいけない。

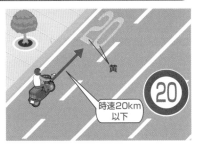
黄
時速20km
以下

### 用語・補足解説

道路の通行方法7

原動機付自転車の最高速度

**規制速度**
標識や標示で指定されている道路での最高速度。

**間違いやすいのは ココ**

最高速度時速40キロメートルの標識

✕ 原動機付自転車の最高速度は時速40キロメートル

○ **原動機付自転車の最高速度は時速30キロメートル**

| 最高速度時速50キロメートルの場合 | 最高速度時速20キロメートルの場合 |
|---|---|
| 黄 | 黄 |
| 最高速度<br>自動車は時速50キロメートル<br>原動機付自転車は<br>時速30キロメートル | 最高速度<br>自動車・原動機付自転車ともに<br>時速20キロメートル |

**車両の略称の意味**

**原付**
一般原動機付自転車

**特定原付**
特定小型原動機付自転車
（電動キックボード等）

## 補助標識で車種を限定しているときの規制速度

原動機付自転車の最高速度は時速20キロメートル

大 貨
原動機付自転車の最高速度は時速30キロメートル

**特例特定原付**
特例特定小型原動機付自転車

**二輪**
二輪の自動車及び
一般原動機付自転車

**小二輪**
小型二輪車及び
一般原動機付自転車

## 安全な速度で走行する

**交通や道路の状況など**
決められた速度の範囲でも、交通や道路の状況、天候などを考えて、最高速度以下の安全な速度で走行する。

雨天時などは
速度を落とす

**自二輪**
大型自動二輪車及び
普通自動二輪車

**小特**
小型特殊自動車

# 緊急自動車の優先

## 交差点またはその付近で緊急自動車が近づいてきたとき

**左側に寄って一時停止**
交差点を避けて道路の左側に寄り、一時停止して進路を譲る。

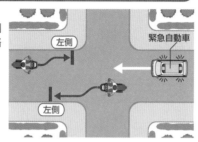

**右側に寄る場合**
一方通行の道路で、左側に寄るとかえって緊急自動車の妨げになる場合は、交差点を避けて道路の右側に寄り、一時停止して進路を譲る。

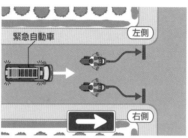

## 交差点付近以外のところで緊急自動車が近づいてきたとき

**左側に寄るだけ**
道路の左側に寄って進路を譲る。

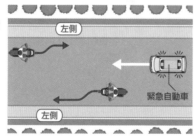

**右側に寄る場合**
一方通行の道路で、左側に寄るとかえって緊急自動車の妨げになる場合は、右側に寄って進路を譲る。

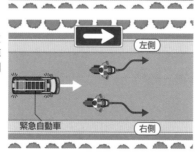

### 用語・補足解説

**緊急自動車**
赤色の警光灯をつけて、緊急用務のため運転中の下記の自動車。

パトカー

白バイ

救急用自動車

消防用自動車

### 間違いやすいのはココ

一方通行での緊急自動車への譲り方

✖ 必ず道路の右側に寄る

⭕ 左側に寄ると進行の妨げになる場合だけ右側に寄る

# 路線バスなどの優先

## 路線バスなどが発進の合図をしたとき

**原則としてバス優先**

後方の車は、バスの発進を妨げてはいけない。

ただし、急ブレーキや急ハンドルで避けなければならないときは進行できる。

## 路線バスなどの専用通行帯の指定があるとき

**原付は通行可**

原動機付自転車、小型特殊自動車、軽車両は通行できる。上記の車、路線バスなど以外の車は、右左折する場合や工事などでやむを得ない場合を除き通行できない。

## 路線バス等優先通行帯の指定があるとき

**原則として通行可**

路線バスなど以外の車も通行できる。

ただし、路線バスなどが接近してきた場合、原動機付自転車、小型特殊自動車、軽車両以外の車は、すみやかに他の通行帯に移る。また、混雑していて出られなくなる場合は通行してはいけない。

---

### 用語・補定解説

**路線バスなど（路線バス等）**

路線バスのほか、通学バス、通園バス、通勤用送迎バスなどの公安委員会が指定した自動車。

---

間違いやすいのは **ココ**

路線バスなどの専用通行帯

✕ 原動機付自転車は通行できない

◯ **原動機付自転車は通行できる**

---

**路線バスなどへの進路の譲り方**

原動機付自転車は、路線バスなどの専用・優先通行帯を通行できるが、後方から接近してきたときは、道路の左側に寄って進路を譲る。

# 交差点の通行方法

## 左折の方法

**左端から徐行**
あらかじめできるだけ道路の左端に寄り、交差点の側端に沿って徐行しながら通行する。

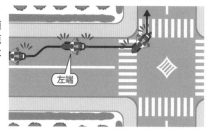

左端

## 左折時の注意点

**巻き込まれに注意**
原動機付自転車は、大型自動車などに巻き込まれないように、十分注意する。

## 右折の方法

**中央から徐行**
あらかじめできるだけ道路の中央に寄り、交差点の中心のすぐ内側を通って徐行しながら通行する。

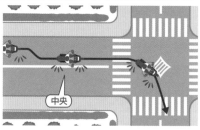

中央

**右端から徐行**
一方通行の道路で右折するときは、あらかじめできるだけ道路の右端に寄り、交差点の中心の内側を通って徐行しながら通行する。

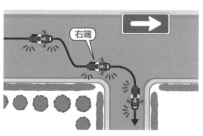

右端

### 用語・補足解説

**交差点**
十字路、Ｔ字路など、2つ以上の道路が交わる部分。

**内輪差**
車が曲がるとき、後輪が前輪より内側を通ることによる前後輪の軌跡の差をいう。

軌跡の差

**間違いやすいのは ココ**
一方通行路での右折
✕ 道路の中央に寄る
◯ **道路の右端に寄る**

**右折時の注意点**
右折する車は、先に交差点に入っていても、直進車・左折車の進行を妨げてはならない。

## 原動機付自転車の二段階右折の方法

### 30メートル手前で右折の合図

① あらかじめできるだけ道路の左端に寄る。

② 交差点の30メートル手前の地点で右折の合図を行う。

③ 青信号で徐行しながら交差点の向こう側までまっすぐに進む。

④ この地点で止まって右に向きを変え、合図をやめる。

⑤ 前方の信号が青になってから進行する。

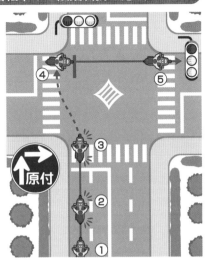

## 環状交差点の通行方法

### 左端に寄って徐行

左折、右折、直進、転回をしようとするときは、あらかじめできるだけ道路の左端に寄り、環状交差点の側端に沿って徐行しながら通行する。

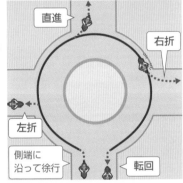

### 環状交差点内の交通優先

環状交差点に入ろうとするときは、徐行するとともに、環状交差点を通行する車や路面電車の進行を妨げてはいけない。

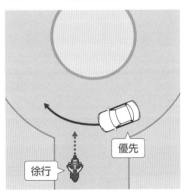

## 用語・補足解説

### 二段階右折しなければならない交差点

① 交通整理が行われていて、車両通行帯が3つ以上ある道路の交差点。

② 「一般原動機付自転車の右折方法（二段階）」の標識（下図）がある道路の交差点。

### 二段階右折してはいけない交差点

① 交通整理が行われていない道路の交差点。

② 交通整理が行われていて、車両通行帯が2つ以下の道路の交差点。

③ 「一般原動機付自転車の右折方法（小回り）」の標識（下図）がある道路の交差点。

### 環状交差点

車両が通行する部分が環状（円形）の交差点であり、「環状の交差点における右回り通行」の標識（下図）によって車両が右回りに通行することが指定されているものをいう。

# 交通整理が行われていない交差点の通行方法

## 交差する道路が優先道路のとき

**優先道路の車が優先**
徐行をして、優先道路を通行する車の進行を妨げない。

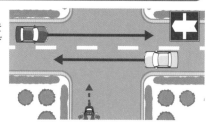

## 交差する道路のほうが幅が広いとき

**幅が広い道路の車が優先**
徐行をして、幅が広い道路を通行する車の進行を妨げない。

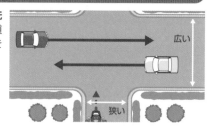

広い

狭い

## 幅が同じような道路の交差点では

**左方の車が優先**
左方から来る車の進行を妨げない。

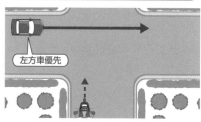

左方車優先

**路面電車が優先**
路面電車が進行しているときは、右方・左方に関係なく、路面電車の進行を妨げない。

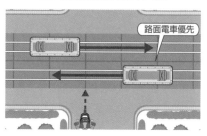

路面電車優先

### 用語・補足解説

**交通整理が行われていない交差点**
信号機や警察官などの手信号などによって、相互の交通が制限されていない交差点。

**優先道路**
「優先道路」の標識（下記）がある道路や、交差点の中まで中央線や車両通行帯がある道路。

**間違いやすいのはココ**

信号なし、道幅同じ、右方から路面電車

✗ 左方の車が優先
○ 路面電車が優先

**路面電車**
道路上をレールによって運転する電車。

42

# 合図を行う時期と方法

## 合図を行う場合の時期と方法

| 合図を行う場合 | 合図を行う時期 | 合図の方法 |
|---|---|---|
| 左折するとき（環状交差点を除く） | 左折しようとする地点（交差点では交差点）から30メートル手前の地点 | 伸ばす　曲げる |
| 環状交差点を出るとき | 出ようとする地点の直前の出口の側方を通過したとき（環状交差点に入った直後の出口を出る場合は、その環状交差点に入ったとき） | |
| 左に進路変更するとき | 進路を変えようとする約3秒前 | 左側の方向指示器を出すか、右腕を車の外に出してひじを垂直に上に曲げるか、左腕を水平に伸ばす |
| 右折・転回するとき（環状交差点を除く） | 右折や転回しようとする地点（交差点では交差点）から30メートル手前の地点 | 曲げる　伸ばす |
| 右に進路変更するとき | 進路を変えようとする約3秒前 | 右側の方向指示器を出すか、右腕を車の外に出して水平に伸ばすか、左腕のひじを垂直に上に曲げる |
| 徐行・停止するとき | 徐行、停止しようとするとき | 斜め下<br>ブレーキ灯をつけるか、腕を車の外に出して斜め下に伸ばす |
| 四輪車が後退するとき | 後退しようとするとき | 斜め下<br>後退灯をつけるか、腕を車の外に出して斜め下に伸ばし、手のひらを後ろに向けて腕を前後に動かす |

43

# 進路変更と安全確認

## 進路変更の制限

**用語・補足解説**

**正当な理由がない場合は×**
車は、みだりに進路変更してはいけない。

**「みだりに」とは**
①法令の規定に従って進路変更するとき
②危険を防止するため進路変更するとき
③警察官の命令に従って進路変更するとき
以外の、正当な理由がない場合をいう。

**安全を確かめる**
やむを得ず進路変更するときは、バックミラーなどを活用して十分安全を確かめてから行う。

**合図の禁止**
必要がないのに合図をしてはいけない。

## 進路変更の手順

**安全確認→合図→再確認**
①あらかじめバックミラーなどで安全を確かめる。
②方向指示器などで合図をする。
③もう一度安全を確かめてから進路を変える。

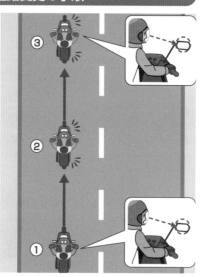

**間違いやすいのは ココ**

進路変更の合図と安全確認
✗ 合図をしてから安全確認
◯ **安全確認をしてから合図を出す**

**バックミラーなど**
バックミラーに映らない部分は、直接自分の目で見て確かめる。

## 進路変更してはいけないとき

**迷惑がかかるときは×**
進路変更すると、後続車が急ブレーキや急ハンドルで避けなければならないようなとき。

**黄色の線の場合は×**
車両通行帯が黄色の線で区画されているとき。

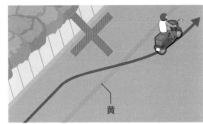

黄

## 黄色の線でも進路変更できるとき

**緊急自動車優先**
①緊急自動車に進路を譲るとき。

黄

**やむを得ない場合は○**
②道路工事などでやむを得ないとき。

黄

**進路を戻すときは○**
③上記のような進路変更を行ったあと、進路を戻すとき。

黄

| 用語・補足解説 |

**急ブレーキなどの禁止**
やむを得ない場合を除き、急ブレーキや急ハンドルを使用してはならない。

**白と黄色で区画された車両通行帯があるとき**

B○　A×

黄

白線側のAからは進路変更してもよい。黄色の線側のBからは進路変更してはいけない。

**間違いやすいのは ココ**

黄色の線で区画された車両通行帯

✗ どんな場合も進路変更禁止

○ 緊急自動車に進路を譲るときなどは進路変更可

運転するときの重要ルール4

進路変更と安全確認

45

# 追い越しの意味と方法

## 追い越しの方法

**前車の右側が原則**
車を追い越すときは、前車の右側を通行する。

**左側を通行する例外**
ただし、前車が右折するため道路の中央に寄って通行しているときは、その左側を通行する。

**路面電車は左側が原則**
路面電車を追い越すときは、路面電車の左側を通行する。ただし、レールが道路の左端に寄って設けられているときは、その右側を通行する。

## 用語・補足解説

**追い越し**
自車が進路を変えて、進行中の前車の前方に出ること。

**追い抜き**
自車が進路を変えずに、進行中の前車の前方に出ること。

## 「追越し禁止」と「追越しのための右側部分はみ出し通行禁止」の意味

### 「追越し禁止」の標識

道路の右側部分にはみ出す、はみ出さないにかかわらず、追い越しが禁止されている。

### 「追越しのための右側部分はみ出し通行禁止」の標識

道路の右側部分にはみ出す追い越しが禁止されている。

### 間違いやすいのは ココ

追い越しの原則

✗ 車・路面電車ともに右側

○ 車は右側、路面電車は左側

## 追い越しの手順

**安全な方法で行う**
①追い越し禁止場所でないことを確認する。
②前方(とくに対向車)の安全を確かめるとともに、バックミラーなどで後方(とくに後続車)の安全を確かめる。
③右側の方向指示器を出す。
④約3秒後、もう一度安全を確かめてから、ゆるやかに進路変更する。
⑤最高速度の範囲内で加速し、追い越す車との間に安全な間隔を保つ。
⑥左側の方向指示器を出す。
⑦追い越した車との車間距離を十分に保ち、ゆるやかに進路変更する。
⑧合図をやめる。

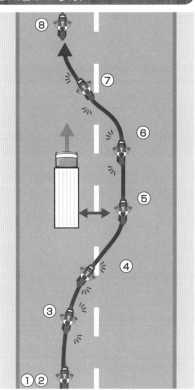

### 用語・補足解説

**追い越しは危険な行為**
追い越しは、複雑な状況判断や高度な運転操作が必要なため、たいへん危険。運転に慣れるまでは、なるべく追い越しをしないようにする。

**追い越しの速度**
追い越しをするときでも、法定速度や規制速度を守らなければならない。

## 追い越されるときの注意点

**速度を上げない**
追い越される車は、追い越しが終わるまで速度を上げてはいけない。

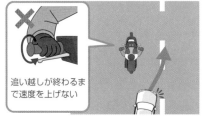

追い越しが終わるまで速度を上げない

**間違いやすいのはココ**

進路を戻す時期
✕ 追い越す車の前方に出たらすぐ
○ 追い越した車との車間距離を十分に保ってから

**余地なし→左側に寄る**
追い越しに十分な余地がないときは、できるだけ左側に寄って進路を譲る。

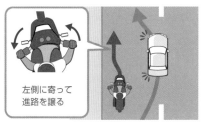

左側に寄って進路を譲る

# 追い越しが禁止されている場所

## 追い越し禁止場所

**「追越し禁止」の標識**
標識により追い越しが禁止されている場所。

**曲がり角**
道路の曲がり角付近。

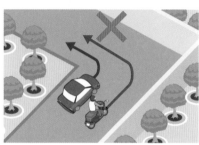

**坂の頂上**
上り坂の頂上付近。

**下り急こう配**
こう配の急な下り坂。

## 用語・補足解説

**「追越し禁止」の標識**

追越し禁止

**道路の曲がり角付近**
見通しにかかわらず、追い越しが禁止されている。

### 間違いやすいのは ココ

こう配の急な坂
✕ 追い越し禁止
〇 下り坂だけ
　追い越し禁止

**こう配の急な坂**
おおむね10％（約6度）以上のこう配の坂をいう。

48

## 車両通行帯なしの トンネル

トンネル（車両通行帯がある場合を除く）。

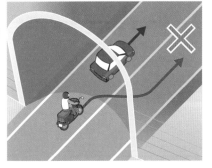

## 交差点

交差点とその手前から30メートル以内の場所（優先道路を通行している場合を除く）。

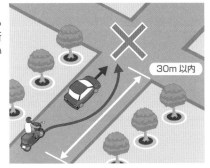

## 踏切

踏切とその手前から30メートル以内の場所。

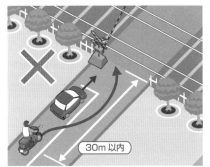

## 横断歩道・自転車横断帯

横断歩道や自転車横断帯とその手前から30メートル以内の場所。

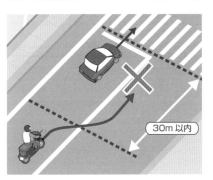

### 用語・補足解説

**車両通行帯がある道路**
片側2車線以上の道路をいう。

**優先道路**
「優先道路」の標識（下記）のある道路や、交差点の中まで中央線や車両通行帯がある道路をいう。

### 間違いやすいのは ココ

トンネル

✕ どんな場合も 追い越し禁止

◯ 車両通行帯がない 場合だけ追い越し 禁止

**横断歩道や自転車横断帯とその手前から30メートル以内の場所**
追い越しだけでなく、追い抜きも禁止されている。

# 追い越しが禁止されている場合

## 追い越し禁止の場合

**二重追い越し禁止**
前の車が自動車を追い越そうとしているとき（二重追い越し）。

**前車が進路変更**
前の車が、右折などのため右側に進路を変えようとしているとき。

**他車の進行妨害**
道路の右側部分に入って追い越しをしようとする場合に、対向車や追い越した車の進行を妨げるおそれがあるとき。

**後車が追い越し**
後ろの車が自分の車を追い越そうとしているとき。

## 用語・補足解説

**車**
原動機付自転車や自転車などの軽車両も含まれる。

**自動車**
原動機付自転車や軽車両は含まれない。

**二重追い越しにならない場合**
前の車が原動機付自転車を追い越そうとしている場合、その車を追い越しても二重追い越しにはならない。

**間違いやすいのは ココ**
前車が原動機付自転車を追い越そうとしているとき
✕ 追い越し禁止
〇 追い越しOK

**後ろの車が追い越そうとしているとき**
追い越しが終わるまで、速度を上げてはいけない。

# 横断・転回の禁止

## 横断・転回などが禁止されている場合

**正常な通行の妨げ**
歩行者の通行、他の車などの正常な通行を妨げるおそれがあるとき。

## 横断・転回が禁止されている場所

**「車両横断禁止」の標識**
「車両横断禁止」の標識がある場所では、道路の右側に面した施設などに入るための右折を伴う横断をしてはいけない。

**「転回禁止」の標識・標示**
「転回禁止」の標識・標示がある場所では、転回してはいけない。

## 割り込み、横切りの禁止

**危険な行為は禁止**
前の車が交差点、踏切などで停止や徐行しているときは、その車の前に割り込んだり、横切ったりしてはいけない。

割り込み、横切り、幅寄せをしてはいけない

## 用語・補足解説

**転回**
Uターンすること。

「車両横断禁止」の標識

「転回禁止」の標識・標示

黄

**間違いやすいのは ここ**

「車両横断禁止」の標識

✕ 道路の左側への横断も禁止

○ **道路の右側への横断が禁止**

# 駐車と停車の意味

## 「駐車」になる行為

**車の継続的な停止**
車が継続的に停止すること。

**5分超の積みおろし**
5分を超える荷物の積みおろし
のための停止。

## 「停車」になる行為

**短時間の停止**
すぐに運転できる状態での
短時間の停止。

**5分以内の積みおろし**
5分以内の荷物の積みおろしのため
の停止。

### 用語・補足解説

**駐車**
車などが客待ち、荷待ち、荷物の積みおろし、故障、その他の理由により継続的に停止すること(人の乗り降りや5分以内の荷物の積みおろしのための停止を除く)。また、運転者が車から離れてすぐに運転できない状態で停止することをいう。

**超える、以内**
「超える」はその数字は含まず、「以内」はその数字を含む(13ページ参照)。

**停車**
駐車にあたらない短時間の車の停止をいう。

### 間違いやすいのはココ

人の乗り降りのための車の停止

✕ 5分を超えると駐車

○ 時間に関係なく停車

# 駐車が禁止されている場所

## 駐車禁止場所

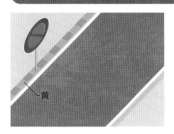

**標識・標示あり**
「駐車禁止」の標識や標示のある場所。

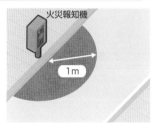

火災報知機

1m

**火災報知機**
火災報知機から1メートル以内の場所。

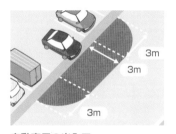

3m
3m
3m

**自動車用の出入口**
駐車場、車庫などの自動車用の出入口から3メートル以内の場所。

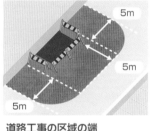

5m
5m
5m

**道路工事の区域の端**
道路工事の区域の端から5メートル以内の場所。

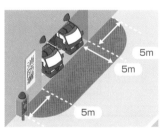

5m
5m
5m

**消防用機械器具の置場など**
消防用機械器具の置場、消防用防火水槽、これらの道路に接する出入口から5メートル以内の場所。

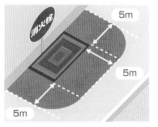

5m
5m
5m

**消防用防火水槽の取入口など**
消火栓、指定消防水利の標識が設けられている位置や、消防用防火水槽の取入口から5メートル以内の場所。

### 用語・補足解説

「駐車禁止」の
標識・標示

黄

**自宅の車庫の前**
自宅でも、自動車用の出入口から3メートル以内の場所では駐車禁止。

間違いやすいのは **ココ**

消防関係の駐車禁止場所

✕ すべて5メートル以内

◯ 火災報知機は
1メートル以内、
その他は
5メートル以内

「指定消防水利」の標識

消防水利

# 駐停車が禁止されている場所

## 駐停車禁止場所

**標識・標示あり**
「駐停車禁止」の標識や標示のある場所。

黄

**軌道敷内は危険**
軌道敷内。

**坂の頂上・急こう配の坂**
坂の頂上付近やこう配の急な坂（上りも下りも）。

**トンネル**
トンネル（車両通行帯の有無に関係なく）。

**交差点**
交差点とその端から5メートル以内の場所。

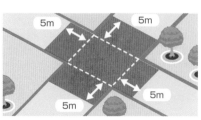

5m 5m
5m 5m

## 用語・補足解説

「駐停車禁止」の
標識・標示

黄

**軌道敷**
路面電車が通行するために必要な道路の部分で、レールの敷いてある内側部分とその両側0.61メートルの範囲をいう。

**こう配の急な坂**
おおむね10％（約6度）以上のこう配の坂をいう。

### 間違いやすいのは ココ

トンネル

✗ 車両通行帯がない場合だけ駐停車禁止

◯ 車両通行帯に関係なく駐停車禁止

### 曲がり角

道路の曲がり角から5
メートル以内の場所。

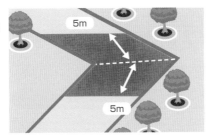

### 横断歩道・自転車横断帯

横断歩道や自転車横断帯
とその端から前後5メー
トル以内の場所。

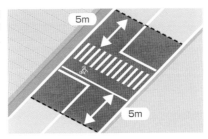

### 踏切

踏切とその端から前後
10メートル以内の場所。

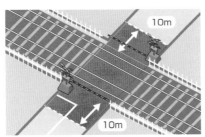

### 安全地帯の左側と前後

安全地帯の左側とその前
後10メートル以内の場
所。

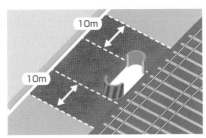

### バス、路面電車の停留所

バス、路面電車の停留所
の標示板（柱）から10
メートル以内の場所（運
行時間中に限る）。

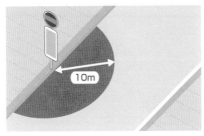

### 用語・補足解説

**道路の曲がり角**

見通しにかかわらず、
5メートル以内の場所
は駐停車禁止。

**間違いやすいのはココ**

バスの停留所の直前

✗ 終日駐停車禁止

○ バスの運行時間中
に限り、
駐停車禁止

**安全地帯**

路面電車に乗り降りす
る人や道路を横断する
歩行者の安全を図るた
めに、道路上に設けら
れた島状の施設や、標
識と標示（下記）によっ
て示された道路の部分
をいう。

黄

# 駐停車の方法

## 歩道や路側帯がない道路では

**道路の左端**
道路の左端に沿って止める。

道路の左端

## 歩道がある道路では

**車道の左端**
車道の左端に沿って止める。

車道の左端

歩道

## 路側帯がある道路では

**0.75メートル以下**
幅が0.75メートル以下の路側帯では中に入らず、車道の左端に沿って止める。

車道の左端

0.75m 以下

**0.75メートル超**
幅が0.75メートルを超える路側帯では中に入り、0.75メートル以上の余地をあけて止める。

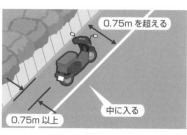

0.75m を超える

0.75m 以上

中に入る

---

### 用語・補足解説

**歩道**
歩行者の通行のため、縁石線、さく、ガードレールなどの工作物によって区分された道路の部分。

**路側帯**
歩行者の通行のためや、車道の効用を保つため、歩道のない道路(片側に歩道があるときは歩道のない側)に、白線によって区分された道路の端の帯状の部分。

**以下、超える**
「以下」はその数字を含み、「超える」はその数字を含まない(13ページ参照)。

**間違いやすいのはココ**
幅が0.75メートルの路側帯

✗ 路側帯の中に入って駐停車する

○ **車道に沿って駐停車する**

## 2本線の路側帯がある道路では

**2本線は車道に沿う**
破線＋実線は「駐停車禁止路側帯」を表し、中に入らず、車道の左端に沿って止める。
実線＋実線は「歩行者用路側帯」を表し、中に入らず、車道の左端に沿って止める。

車道の左端

車道の左端

## 無余地駐車の禁止と例外

**3.5メートル以上の余地**
車の右側の道路上に3.5メートル以上の余地がない場所には、原則として駐車してはいけない。

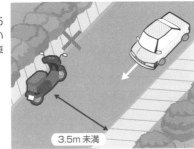

3.5m 未満

**標識による余地**
標識により余地が指定されているとき、その余地がとれない場所には、原則として駐車してはいけない。

駐車余地 6m

6m 未満

**無余地駐車の例外は2つ**
ただし、荷物の積みおろしを行う場合で、運転者がすぐに運転できるときと、傷病者の救護のためやむを得ないときは、余地がなくても駐車できる。

### 用語・補足解説

**駐停車禁止路側帯**
歩行者と軽車両は通行することができる。

**歩行者用路側帯**
通行できるのは歩行者だけで、軽車両は通行することができない。

**間違いやすいのは ココ**

駐車余地の原則

✕ 車の左側に
3.5メートル以上の余地を残す

○ 車の右側に
3.5メートル以上の余地を残す

「駐車余地」の標識

駐車余地6m

車の右側に6メートル以上の余地がとれない場合は、駐車してはいけない（8時から20時まで）。

運転するときの重要ルール12

駐停車の方法

# 視覚の特性

## 運転するときに注意すること

**一点だけを注視しない**
一点だけを注視せずに、絶えず前方に注意し、周囲の交通にも目を配る。

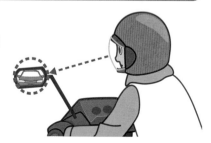

**速度アップ→視力低下**
速度が上がるほど視力は低下し、とくに近くのものが見えにくくなる。

**疲労は目に影響大**
疲労の影響は、目に最も強く現れる。疲労の度合いが高まるにつれて、見落としや見誤りが多くなるので注意する。

## 明るさが急に変わったとき

**明→暗、暗→明で
視力低下**
視力は一時、急激に低下する。トンネルに入る前や出るときは、速度を落とすことが大切。

## 用語・補足解説

**周囲の安全確認**
目視のほか、ルームミラーやサイドミラーで確認する。

**間違いやすいのはココ**

速度が上がったときの視覚

**✗** とくに遠くのものが見えにくい

**○** とくに近くのものが見えにくい

**夜間の注意点**
対向車のライトを直視すると、一瞬目が見えなくなることがある。対向車のライトがまぶしいときは、視点をやや左前方に移して、目がくらまないようにする。

# 車に働く自然の力

## 慣性力

**車は急に止まれない**
車が動き続けようとする力。走行中の車は、ギアをニュートラルに入れても走り続けようとする。

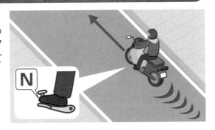

## 摩擦力

**車の走行、停止に関与**
タイヤと路面との間に働く力。車が走ったり止まったりできるのは、この摩擦抵抗があるため。

## 遠心力

**速度の二乗に比例**
車がカーブを曲がろうとするとき、カーブの外側に飛び出そうとする力。速度の二乗に比例し、速度が二倍になれば遠心力は4倍になる(2の二乗＝2×2＝4)。

## 衝撃力

**速度の二乗に比例**
車が衝突したときに生じる力。速度と重量に応じて大きくなり、硬い物に瞬間的にぶつかるほど大きくなる。速度の二乗に比例し、速度が2倍になれば衝撃力は4倍になる。

---

### 用語・補足解説

**ニュートラル**
ギアが入っていない状態。

**摩擦抵抗**
路面やタイヤの状態によって変化する。濡れたアスファルト路面を走行するときは、摩擦抵抗が小さくなる。

**遠心力・衝撃力**
速度を半分(2分の1)に落とせば、遠心力と衝撃力は4分の1になる(1/2の二乗＝1/2×1/2＝1/4)。

### 間違いやすいのは ココ

遠心力

✗ 速度が3倍になると遠心力は6倍

◯ **速度が3倍になると遠心力は9倍**

# 二輪車を運転するときの注意点

## 二輪車の特性

**四輪車とは違う技術**
二輪車は体で安定を保ちながら走り、停止すれば安定を失うという構造上の特性があるため、四輪車とは違った運転技術が必要。

走行中
安定

停止
不安定

**実際より遅く、遠く感じる**
二輪車は四輪車に比べて車体が小さいため、実際の速度より遅く、また実際の距離より遠くに感じられる傾向がある。

遠い印象

## ブレーキをかけるときの注意点

**前後輪同時が基本**
車体を垂直に保ち、ハンドルを切らない状態でエンジンブレーキを効かせ、前後輪ブレーキを同時に使用するのが基本。

垂直に　　　同時にブレーキ

**路面の状態で強さを調整**
乾燥した路面でブレーキをかけるときは、前輪ブレーキをやや強く、路面が滑りやすいときは、後輪ブレーキをやや強くかける。

前輪ブレーキ
（右レバー）

後輪ブレーキ
（右ペダル、または左レバー）

---

### 用語・補足解説

**二輪車**
原動機付自転車と自動二輪車の総称。自動二輪車には、大型自動二輪車と普通自動二輪車がある。

**二輪車を選ぶとき**
体格に合った車種を選ぶ。次のことができるか確かめる。
- 平地で楽にセンタースタンドを立てられる。
- またがったとき、両足のつま先が地面に着く。
- "8の字"型に押して歩くことができる。

**急ブレーキは危険**
ブレーキは数回に分けてかけるのが基本。急ブレーキをかけると車輪の回転が止まり、横滑りの原因になる。

### 間違いやすいのは ココ

ブレーキのかけ方
✕ 後輪を先にかけてから前輪をかける
◯ 前後輪を同時にかける

## カーブでの運転方法

**自然に曲がる**
カーブを曲がるときは、ハンドルを切るのではなく、車体をカーブの内側に傾けることで自然に曲がるような要領で行う。

**カーブの後半で
徐々に加速**
カーブの途中では、スロットルで速度を加減する。クラッチは切らずに動力を伝えたまま、カーブの後半で前方の安全を確かめてから徐々に加速する。

スロットルで加減

## ぬかるみ、砂利道の運転方法

**低速ギア**
低速ギアに入れ、速度を落として通行する。

低速ギア

間違いやすいのは**ココ**

ぬかるみ、砂利道では

✗ 高速ギアに入れる

○ **低速ギアに入れる**

**速度を一定に保つ**
大きなハンドル操作は避け、スロットルで速度を一定に保ち、バランスをとりながら通行する。

スロットルで
速度調整

61

# 夜間の運転

## ライトをつけなければならないとき

**夜間運転するとき**
夜間は前照灯や尾灯などのライトをつけて運転しなければならない。

**50メートル先が見えないとき**
昼間でも、トンネルの中や霧などで50メートル先が見えない場所ではライトをつける。

## 夜間運転するときの注意点

**視線は先**
視線はできるだけ先のほうへ向け、少しでも早く前方の障害物を発見するように努める。

**蒸発現象に注意**
走行中は、自車と対向車のライトで、道路の中央付近の歩行者が見えにくくなる「蒸発現象」に注意する。

### 用語・補足解説

**夜間**
日没から日の出までの間。

**夜間運転が危険な理由**
- 視界が悪く、歩行者などの発見が遅れる。
- 速度感が鈍り、速度超過につながる。
- 酒に酔った運転者、歩行者がいる可能性がある。

**前車に続いて走行するとき**
前車がブレーキを踏むとブレーキランプが点灯するので、ブレーキ灯に注意して運転する。

**間違いやすいのはココ**
夜間運転するときの視線
✗ できるだけ近くに向ける
● できるだけ先のほうに向ける

## ライトを切り替える

**他の運転者に
迷惑をかけない**
対向車と行き違うときや、他の車の直後を走行するときは、前照灯を減光するか、下向きに切り替える。

減光または下向き

**市街地では下向き**
交通量の多い市街地の道路などでは、前照灯を下向きに切り替えて運転する。

下向き

**自車の接近を知らせる**
見通しの悪い交差点を通過するときは、前照灯を上向きにするか点滅させて、自車の接近を知らせる。

パッ　！

## 対向車のライトがまぶしいとき

**直視は危険**
視点をやや左前方に移して、目がくらまないようにする。

左前方

### 用語・補足解説

**前照灯は
通常、上向きに**
前照灯は、交通量の多い市街地などを通行しているときを除き上向きにして、歩行者などを少しでも早く発見するようにする。

**昼間でもライトを点灯**
二輪車は車体が小さく、他の運転者などからよく見えない傾向があるので、昼間でもライトをつけて運転したほうがよい。

**間違いやすいのはココ**
対向車と行き違うとき
✕ ライトは上向き
○ ライトは下向き

63

# カーブや坂道での運転

## カーブを通行するとき

**あらかじめ減速**
カーブ手前の直線部分で、あらかじめ十分速度を落とす。

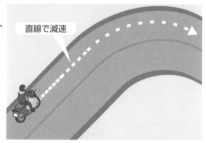

直線で減速

**はみ出し注意**
カーブを曲がるときは、中央線をはみ出さないように注意する。対向車がはみ出してくるおそれもある。

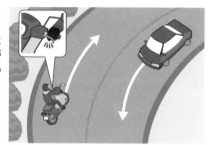

**動力は伝えたまま**
カーブの途中では、タイヤに動力を伝えたままスロットルで速度を調節する。

クラッチは切らない

スロットルで調整

**徐々に加速**
カーブの後半では、前方の安全を確かめてから徐々に加速する。

徐々に加速

---

### 用語・補足解説

**スローイン・ファーストアウト走行**
カーブの入口はゆっくり入り、出口に向かって加速する走行。

**間違いやすいのは ココ**

カーブ走行での減速

✗ カーブに入ってから速度を落とす

○ 直線部分であらかじめ速度を落とす

**タイヤに動力を伝えたまま**
クラッチを切るとエンジンの動力がタイヤに伝わらなくなり、エンジンブレーキを活用できない。

**上りでは低速ギアで加速**
上り坂は加速が鈍るので、低速ギアに入れて加速しながら走行する。

車が後退しないように注意して発進する。

**前車の後退に注意**
上り坂で前車に続いて停止するときは、前車が後退するおそれがあるので、車間距離を十分あける。

車間距離を長く

 間違いやすいのは

下り坂でのギア

✕ 高速ギアに入れてエンジンブレーキを活用

〇 **低速ギアに入れてエンジンブレーキを活用**

**エンジンブレーキを活用**
下り坂では加速度が増すので、低速ギアに入れてエンジンブレーキを活用する。

エンジンブレーキ

**エンジンブレーキ**
低速ギアほど、制動効果が高くなる。

**急な下り坂は
追い越し禁止**
こう配の急な下り坂は、徐行場所であり、追い越し禁止場所でもある。

安全運転の知識5

カーブや坂道での運転

# 悪天候の運転

## 雨の日に運転するとき

**車間距離は長く**
路面が滑りやすくなるので、晴れの日よりも速度を落とし、車間距離を長くとる。また、急ハンドルや急ブレーキを避け、ブレーキは数回に分けて使用する。

車間距離をあける

速度を落とす

## 悪路を走るとき

**路肩に寄りすぎない**
速度を落とし、ハンドルを取られないように注意する。また、地盤がゆるんで崩れることがあるので、路肩に寄りすぎないように走行する。

路肩に寄りすぎない

## 霧の中を走るとき

**前照灯は下向き**
前照灯を下向きにつけ、中央線や前車の尾灯を目安にして走行する。必要に応じて警音器を使用する。

## 雪道を走るとき

**わだちを走行**
滑りやすく危険なので、なるべく運転しない。やむを得ず運転するときは、わだち（タイヤの通った跡）を走行する。

タイヤの跡

---

### 用語・補足解説

**間違いやすいのは ココ**
霧の中の前照灯
✕ 上向きにする
○ 下向きにする

**路肩**
道路の保護などを目的に設けられた、道路の端（路端）から0.5メートルの部分。

**霧の中で前照灯を上向きにすると**
光が乱反射して、かえって見えづらくなる。

**わだちを走る理由**
タイヤが通った跡を走ると、脱輪防止になる。

# 警音器の使用ルール

## 警音器の乱用は禁止

**みだりに鳴らさない**
警音器は、みだりに鳴らしてはならない。
ただし、危険を避けるためやむを得ない場合は鳴らすことができる。

## 「警笛鳴らせ」の標識があるとき

**標識がある場所で鳴らす**
この標識のある場所では、警音器を鳴らさなければならない。

## 「警笛区間」の標識がある区間内では

**警笛区間の3つの場所で鳴らす**
「警笛区間」の標識がある区間内の次の場所を通るときは、警音器を鳴らさなければならない。

左右の見通しのきかない交差点

見通しのきかない道路の曲がり角

見通しのきかない上り坂の頂上

---

### 用語・補足解説

**警音器**
警笛、クラクション、ホーンともいう。

**間違いやすいのはココ**

あいさつのための警音器の使用

✕ 積極的に活用する

○ 乱用になるので禁止

「警笛鳴らせ」の標識

「警笛区間」の標識

安全運転の知識6・7　悪天候の運転／警音器の使用ルール

# 対向車との行き違い方

## 対向車と行き違うとき

**安全な間隔を保つ**
対向車との間に安全な間隔を保って通行する。

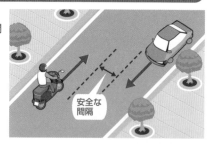

安全な
間隔

**左側に寄りすぎない**
無理に安全な間隔を保とうとして左側に寄りすぎると、電柱などに接触してしまう。

## 安全な間隔があけられないとき

**一時停止か減速**
一時停止か減速して、対向車を先に通過させる。

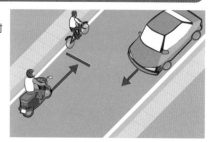

**無理な通行は危険**
無理に通行しようとすると、対向車と衝突してしまう。

## 用語・補足解説

**道路を通行するときの心がまえ**
決められた交通規則を守ることはもちろん、他の車や歩行者が安全に通行できるようにすることが大切。相手の立場について、思いやりの気持ちを持って運転すること。

## 進路の前方に障害物があるとき

**一時停止か減速**
あらかじめ一時停止か減速をして、対向車に道を譲る。

間違いやすいのは**ココ**

対向車がいる場合で
前方に障害物

✗ 先に障害物に
達した車が優先

○ 障害物のある側の
車が対向車に譲る

## 片側に危険ながけがあるとき

**がけ側が一時停止**
上り・下りに関係なく、がけ（谷）側の車が安全な場所で一時停止して、対向車に道を譲る。

がけ

## 狭い坂道で行き違うとき

**下りが一時停止**
下りの車が一時停止して、発進の難しい上りの車に道を譲る。

**上り坂の車が
停止すると**
上り坂の車は、発進する際に後退する危険があるため、下りの車が停止するようにする。

## 待避所があるとき

**待避所側が入る**
上り・下りに関係なく、待避所がある側の車がそこに入って道を譲る。

「待避所」の標識

待避所

# 安全な速度と停止距離

## 安全な速度で走る

**道路などの状況を考える**
車を運転するときは、道路や交通状況、天候や視界などをよく考えた安全な速度で走行する。

速度を落とす

## 安全な車間距離を保つ

**路面・タイヤの状態を考える**
車を運転するときは、天候や路面、タイヤの状態、荷物の重さなどをよく考え、前車に追突しないような安全な車間距離を保つ。

安全な車間距離

**タイヤの溝の深さをチェックする方法**
タイヤのウェア・インジケータ（摩耗限度表示）で点検する。

## ブレーキのかけ方

**数回に分ける**
ブレーキは、数回に分けてかける。

最初は軽く

徐々に強く

**数回に分けるブレーキング**
「断続ブレーキ」または「ポンピングブレーキ」ともいう。このようにかけると、滑りやすい路面で有効なうえ、後続車に対するよい合図にもなる。

**急ブレーキは危険**
危険を避けるためやむを得ない場合以外は、急ブレーキをかけてはいけない。

キキー

## 車の停止距離

**空走距離** ＋ **制動距離** ＝ **停止距離**

運転者が危険を感じてブレーキをかけ、ブレーキが効き始めるまでに車が走る距離。

実際にブレーキが効き始めてから、車が完全に停止するまでに走る距離。

空走距離と制動距離を合わせた距離。

**疲れは空走距離に影響**
運転者が疲れているときは、危険を認知してから判断するまで時間がかかるので、空走距離が長くなる。

空走距離　長

**雨や重量は制動距離に影響**
路面が濡れていたり、重い荷物を積んだりしているときは、制動距離が長くなる。

制動距離　長

キキー

### 用語・補足解説

**停止距離が延びるとき**
路面が濡れ、タイヤがすり減っているときは、乾燥した路面でタイヤが新しい状態のときと比べて、2倍程度に延びることがある。

**間違いやすいのは ココ**
路面が濡れているときに延びる距離
✗ 空走距離
○ 制動距離

## 速度による停止距離の違い（参考）

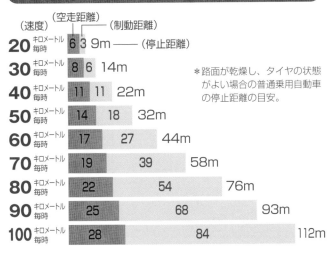

（速度）（空走距離）（制動距離）

| | 空走距離 | 制動距離 | 停止距離 |
|---|---|---|---|
| **20** キロメートル毎時 | 6 | 3 | 9m |
| **30** キロメートル毎時 | 8 | 6 | 14m |
| **40** キロメートル毎時 | 11 | 11 | 22m |
| **50** キロメートル毎時 | 14 | 18 | 32m |
| **60** キロメートル毎時 | 17 | 27 | 44m |
| **70** キロメートル毎時 | 19 | 39 | 58m |
| **80** キロメートル毎時 | 22 | 54 | 76m |
| **90** キロメートル毎時 | 25 | 68 | 93m |
| **100** キロメートル毎時 | 28 | 84 | 112m |

＊路面が乾燥し、タイヤの状態がよい場合の普通乗用自動車の停止距離の目安。

# 踏切を通過するとき

## 踏切での安全確認と通過方法

**直前で一時停止**
①踏切の直前（停止線があるときはその直前）で一時停止する。

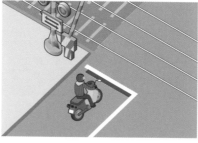

**左右の安全確認**
②自分の目と耳で左右の安全を確認する。

**余地を確認**
③踏切の向こう側に自分の車が入れる余地があるかどうかを確認する。

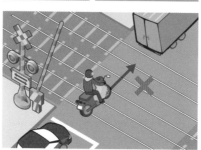

**エンスト、落輪防止**
④エンストを防止するため、低速ギアのまま一気に通過する。落輪しないようにやや中央寄りを通過する。

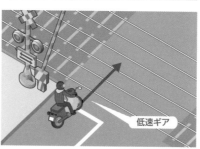

低速ギア

## 用語・補足解説

**前の車に続いて踏切を通過するとき**
停止位置で一時停止し、安全を確認しなければならない。

**安全確認のときに注意すること**
一方からの列車が通過しても、もう一方から列車が来ていることがあるので、反対方向の安全も確認する。

**間違いやすいのは ココ**
踏切の通過位置
✗ 踏切の左寄りを通行する
○ 踏切のやや中央寄りを通行する

**エンスト**
エンジンストップの略で、エンジンが止まっている状態をいう。

## 踏切を通過するときの注意点

**列車接近→進入禁止**
遮断機が下り始めているときや警報機が鳴っているときは、踏切に入ってはいけない。

**青信号はそのまま進行**
踏切に信号機がある場合はその信号に従う。青信号のときは、一時停止する必要はなく、安全を確かめて通過できる。

## 踏切内で故障したとき

**非常ボタンを押す**
踏切支障報知装置（非常ボタン）がある場合は、装置を作動させ、列車の運転士に知らせる。
装置がない場合は、煙の出やすいものを近くで燃やすなどして合図する。

**押して踏切外へ**
原動機付自転車は車体が小さいので、押して踏切外に車を移動させる。

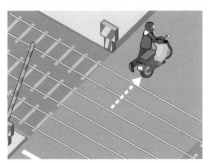

**「踏切あり」の警戒標識**

黄

**踏切に信号機があるとき**
青信号のときは一時停止の必要はないが、安全確認はしなければならない。

安全運転の知識10　踏切を通過するとき

**間違いやすいのは**

踏切の信号機が青

✗ 安全確認、
　一時停止不要

○ 一時停止は
　不要だが、
　安全確認は必要

# 緊急事態の対処方法

## エンジンの回転数が下がらなくなったとき

**点灯スイッチを切る**
点灯スイッチを切って、
エンジンの回転を止める。
ブレーキをかけて道路の
左側に車を止める。

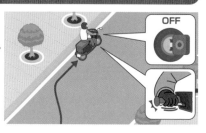

## 後輪が横滑りし始めたとき

**滑った方向に
ハンドルを切る**
ブレーキはかけずにスロットルをゆるめ、後輪が滑った方向にハンドルを切って車の向きを立て直す。

## 対向車と正面衝突しそうなとき

**できるだけ左側に回避**
警音器を鳴らし、ブレーキをかけて、できるだけ左側に避ける。道路外が安全な場所であれば、道路外に出て衝突を避ける。

## 走行中にパンクしたとき

**車の向きを立て直す**
ハンドルをしっかり握り、車の向きを立て直す。低速ギアに入れて速度を落とし、断続ブレーキで車を止める。

---

**用語・補足解説**

**下り坂でブレーキが効かなくなったとき**
減速チェンジをしてエンジンブレーキを効かせる。停止しない場合は、道路わきの土砂などに突っ込んで車を止める。

**ぬかるみで車輪がから回りするとき**
車輪の下に古毛布を敷いたり、砂利を入れたりして脱出する。

**間違いやすいのは ココ**
走行中にパンク
✕ 急ブレーキで車を止める
○ 断続ブレーキで車を止める

# 交通事故のときの処置

## 交通事故が起きたときの処置の手順

**続発事故の防止**
①他の交通の妨げにならないような場所に車を移動し、エンジンを止める。

**救急車の要請**
②負傷者がいる場合は、ただちに救急車を呼ぶ。

**負傷者の救護**
③救急車が到着するまでの間、可能な応急救護処置を行う。頭部を負傷しているときは、むやみに動かさない。

**警察官への報告**
④事故が発生した場所や状況などを警察官に報告する。

## 用語・補足解説

**間違いやすいのはココ**
交通事故でまず行うこと
✕ 警察官への事故報告
○ 車を安全な場所に移動し、負傷者を救護する

**応急救護処置**
ガーゼやハンカチなどで止血を行うなどの処置をとる。

**交通事故でけがをしたとき**
頭部などに強い衝撃を受けたときは、外傷がなくても医師の診断を受ける。後日、後遺症が出ることがある。

**警察官への報告**
事故の程度にかかわらず、警察官に報告しなければならない。

# 大地震が発生したとき

## 大地震が発生したときの措置の手順

**安全な方法で停止**
①急ブレーキを避け、できるだけ安全な方法で道路の左側に車を止める。

**情報の収集**
②携帯電話などで地震情報や交通情報を聞き、その情報に応じて行動する。

**道路外に移動**
③車を置いて避難するときは、できるだけ道路外の安全な場所に車を移動する。

**キーは付けたまま避難**
④やむを得ず道路上に車を止めるときは、エンジンを止め、エンジンキーは付けたままにするかわかりやすい場所に置き、ハンドルロックはしないで避難する。

## 用語・補足解説

**警察官の指示に従う**
警察官が交通規制を行っているときは、その指示に従って行動する。

### 間違いやすいのは▶ココ

車を道路上に置いて避難するとき

✗ エンジンを止め、キーは抜き取り、ハンドルロックをする

○ **エンジンを止め、キーは付けたままにするかわかりやすい場所に置き、ハンドルロックはしない**

**避難するとき**
車を使用すると混乱を招いて危険なので、やむを得ない場合を除き、自動車や原動機付自転車で避難しない。

# 危険を予測した運転

## 目で見える危険と見えない危険がある

このまま進行すると衝突するような、明らかに見える危険が「顕在危険」。ブレーキやハンドル操作で回避することが、比較的容易にできる。

運転者の目線からは見えない危険が「潜在危険」。これから起こりうる危険なので、運転者はあらかじめ予測しなければならない。

## 運転は認知・判断・操作の繰り返し

### ①認知
危険を早く発見する。つねに周囲の状況をよく見ながら運転する。

### ②判断
頭の中でどう行動に移すか考える。速度を落とすべきか、ハンドルで避けるべきかなどを判断する。

### ③操作
手足を動かし、実際に行動する。前後輪ブレーキをかけたり、ハンドルを切って衝突を回避したりする。

信号に注意

右折車の有無に注意

歩行者の動向に注意

前車の動向に注意

後続車に注意

## 右折車に注意！

自分の車が右折車より先に
進めると思っていると、対
向車が右折してきて衝突す
るおそれがある。

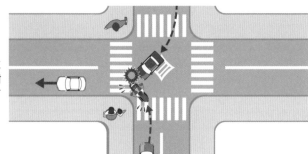

## 歩行者に注意！

歩行者が横断する前に左折
しようとすると、歩行者が
渡ってきて衝突するおそれ
がある。

## 後続車に注意！

歩行者がいるので急停止す
ると、後続車に追突される
おそれがある。

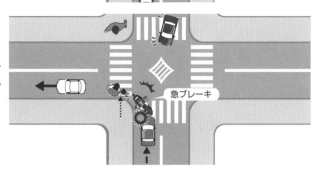

急ブレーキ

## これでバッチリ合格！

# 原付
# 模擬テスト

# 原付模擬テスト

次の問題について、正しいものには「○」、誤っているものには「×」をつけなさい（問題番号下の ◎ ⊠ はチェック欄）。
【チェック欄の利用法】

**問1** 交通規則は、車や歩行者が道路を安全、円滑に通行するうえで守るべき共通の約束事であるから、交通規則を守ることは、社会人として基本的なことである。

◎ ⊠

**問2** 車を運転するときは、道路の中央から左側部分を通行しなければならないが、左側部分の幅が6メートル未満の見通しのよい道路で他の車を追い越そうとするときは、右側部分にはみ出すことができる。

◎ ⊠

**問3** 図1の標識のあるところでは、二輪の自動車と原動機付自転車は通行することができない。

◎ ⊠

図1

**問4** 横断歩道の手前で止まっている車があるときは、そのそばを通って前方に出る前に一時停止しなければならない。

◎ ⊠

**問5** 直進してくる車より先に交差点に入っている右折車は、直進車より先に右折することができる。

◎ ⊠

**問6** 夜間、原動機付自転車が普通自動車と行き違うときは、前照灯を下向きに切り替える必要はない。

◎ ⊠

**問7** 標識や標示によって横断や転回が禁止されているところでは、後退もしてはならない。

◎ ⊠

**問8** 原動機付自転車でカーブを曲がるときは、カーブの内側に車体を傾ける。

◎ ⊠

**問9** 図2の補助標識は、いずれも交通規制の終わりを表している。

◎ ⊠

図2
←
ここまで

**問10** 安全な車間距離は、停止距離とおおむね同じである。

◎ ⊠

| 正解 | ポイント解説 |
| --- | --- |

**ルール解説**

**問1**　○

交通規則を守ることは、**社会人として基本的なこと**です。

**問2**　○

設問のような場合は、**道路の右側部分にはみ出して通行**できます。

**問3**　○

「**二輪の自動車・一般原動機付自転車通行止め**」の標識があるところでは、自動二輪車と原動機付自転車は通行できません。

**問4**　○

横断歩道を横断してくる人に備え、**一時停止し**なければなりません。

**問5**　×

右折車が先に交差点に入っていても、**直進車や左折車の進行を 妨**げてはいけません。

**問6**　×

原動機付自転車でも前照灯を下向きに切り替え、**対向車の運転者がまぶしくないようにします**。

**問7**　×

横断や転回が禁止されているところでも、**後退はとくに禁止されていません**。

**問8**　○

カーブでは外側に **遠心 力** が働くので、車体を内側に傾けます。

**問9**　○

図2は、いずれも**本標識が示す交通規制の終わり**を表す補助標識です。

**問10**　○

安全な車間距離は、**おおむね停止距離と同程度の距離**です。

## 灯火のルール

●夜間は前照灯や尾灯などのライトをつけて運転しなければならない

●昼間でも、トンネルの中や霧などで50メートル先が見えない場所ではライトをつける

●対向車と行き違うときや、他の車の直後を走行するときは、前照灯を減光するか、下向きに切り替える

減光または下向き

●交通量の多い市街地の道路などでは、前照灯をつねに下向きに切り替えて運転する

下向き

原付模擬テスト

第1回

**問 11** ⭕ ❌ 二輪車に乗るときは、体の露出がなるべく少なくなるような服装をし、できるだけプロテクターを着用するとよい。

**問 12** ⭕ ❌ 乗車用ヘルメットは、自動二輪車を運転するときにはかぶらなければならないが、原動機付自転車を運転するときはかぶらなくてもよい。

**問 13** ⭕ ❌ 駐車禁止場所で、友人を待つため5分間停止しても違反にはならない。

**問 14** ⭕ ❌ 標識や標示によって路線バスなどの専用通行帯が指定されている道路を、原動機付自転車で通行した。

**問 15** ⭕ ❌ 図3の標識のある道路では、あらかじめ減速してブレーキをかけないですむように運転するべきである。

図3

黄

**問 16** ⭕ ❌ 上り坂の頂上付近やこう配の急な下り坂は、徐行場所であるとともに追い越し禁止場所でもある。

**問 17** ⭕ ❌ 運転者が車から離れていてすぐに運転できない状態は、停車である。

**問 18** ⭕ ❌ 大地震の際は、自動車や原動機付自転車で避難すると危険なので、やむを得ない場合を除き、車による避難はしない。

**問 19** ⭕ ❌ 白や黄色のつえを持った人が道路を横断しようとしていたので、警音器を鳴らして注意を与え、先に通行した。

**問 20** ⭕ ❌ 図4の標識は、前方の交差する道路が優先道路であることを表している。

図4

**問 21** ⭕ ❌ 同一の方向に2つの車両通行帯があるときは、どちらの通行帯を通行してもよい。

問 11

転倒時に身を守るため、体の露出が少ない服装をし、**プロテクターを着用**します。

問 12

原動機付自転車を運転するときも、**乗車用ヘルメットをかぶらなければなりません**。

問 13

**人待ちは駐車に該当する**ので、駐車禁止場所に止めると駐車違反になります。

問 14

原動機付自転車は、**路線バスなどの専用通行帯を通行できます**。

問 15

図3は、**路面が滑りやすいことを表す**警戒標識です。あらかじめ速度を落として進行します。

問 16

設問の場所は、**徐行すべき場所**であり、**追い越し禁止場所**でもあります。

問 17

設問のような車の停止は、**停車ではなく駐車**に該当します。

問 18

車を使って避難すると**混乱を招き、危険**です。

問 19

**警音器は鳴らさずに、徐行か一時停止**をし、つえを持った人が安全に横断できるようにしなければなりません。

問 20

図4は**「優先道路」**の標識で、前方ではなく、標識のある道路が優先道路です。

問 21

追い越しするときなどを除き、**左側の車両通行帯を通行**しなければなりません。

## 駐車と停車の違い

**●「駐車」になる行為**

車が継続的に停止すること

5分を超える荷物の積みおろしのための停止

＊故障による停止は、継続的な停止で駐車になる。

**●「停車」になる行為**

すぐに運転できる状態での短時間の停止

5分以内の荷物の積みおろしのための停止

＊人の乗り降りのための停止は、時間にかかわらず停車になる。

**問 22** ○ ✕

リヤカーをけん引している原動機付自転車が、エンジンを止めて、歩行者専用道路を押して通った。

**問 23** ○ ✕

横断歩道のない交差点のそばを横断している歩行者に対して、車は道を譲る必要はない。

**問 24** ○ ✕

原動機付自転車に荷物を積載する場合、荷台の幅を超えてはいけない。

**問 25** ○ ✕

交通整理の行われていない幅が同じような道路の交差点では、左方から来る車の進行を妨げてはならない。

**問 26** ○ ✕

遠心力は、速度が一定ならばカーブの半径が大きいほど大きくなる。

**問 27** ○ ✕

踏切を通過しようとするときは、その直前で一時停止しなければならないが、踏切に信号機があり、青色の灯火を表示している場合は、一時停止の必要はない。

**問 28** ○ ✕

図5の標識は、センターラインのないところの「道路の中心」を表している。

図5

中央線

**問 29** ○ ✕

原動機付自転車は、路側帯や自転車道を通行することができる。

**問 30** ○ ✕

交通事故を起こしたとき、お互いに話し合って解決がつけば警察官に届け出る必要はない。

**問 31** ○ ✕

徐行とは、車がすぐ停止できるような速度で進行することをいう。

**問 32** ○ ✕

駐車場や車庫などの自動車用の出入口から3メートル以内の場所には、駐車することができない。

**問22** ✕
二輪車のエンジンを止め、押して歩く場合は歩行者として扱われますが、**けん引時や側車付きのものは除かれます**。

 **問23** ✕
横断歩道がなくても、**車は歩行者の通行を 妨（さまた）げてはいけません**。

 **問24** ✕
荷物は、**荷台から左右に 0.15 メートルまではみ出して**積むことができます。

 **問25** ◯
設問のような交差点では、**左方から来る車の進行を妨げてはいけません**。

 **問26** ✕
**カーブの半径が小さい（急な）ほど**、遠心力は大きくなります。

 **問27** ◯
**青信号**を示していれば、一時停止する必要はありません。

 **問28** ✕
図5は道路の**中央や中央線である**ことを表していますが、道路の中心を意味するものではありません。

 **問29** ✕
原動機付自転車でも、**路側帯や自転車道を通行してはいけません**。

 **問30** ✕
交通事故は、**必ず警察官に届け出**なければなりません。

 **問31** ◯
徐行とは、**車がすぐ停止できるような速度**で進行することをいい、その速度は**時速10キロメートル以下**とされています。

 **問32** ◯
自動車用の出入口から3メートル以内は、**駐車禁止場所**に指定されています。

## 交通整理が行われていない交差点の通行方法

●交差する道路が優先道路のときは優先道路を通行する車が優先

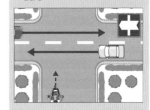

●交差する道路の幅が広いときは幅が広い道路の交通が優先

広い
狭い

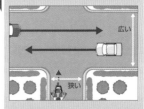

●幅が同じような道路の交差点では左方の車が優先

左方車優先

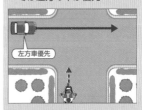

●幅が同じような道路の交差点では路面電車が優先

路面電車優先

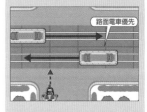

原付模擬テスト

第1回

**問 33** ⚫ ❌ 横断歩道や自転車横断帯とその手前から 30 メートル以内の場所では、追い越しをすることはできないが、追い抜きはしてもよい。

**問 34** ⚫ ❌ 原付免許を受ければ、小型特殊自動車と原動機付自転車を運転することができる。

**問 35** ⚫ ❌ 前の車が、右折するため道路の中央に寄っていたので、その左側を追い越した。

**問 36** ⚫ ❌ 図6の標識のあるところでは、車の追い越しが禁止されている。

図6

**問 37** ⚫ ❌ 原動機付自転車を運転する場合は、自動車の死角や内輪差などの自動車の特性をよく知っておくことが大切である。

**問 38** ⚫ ❌ 通行に支障のある高齢者が通行しているときは、一時停止か徐行をして安全に通れるようにする。

**問 39** ⚫ ❌ 信号機の信号が青色から黄色に変わった場合に、停止位置で安全に停止することができるときであっても、黄色は止まれの信号ではないので、そのまま進行してもよい。

**問 40** ⚫ ❌ 運転中は、排気ガスや騒音、振動をできるだけ少なくするように、不用意な急発進、急ブレーキ、空ぶかしを避けるべきである。

**問 41** ⚫ ❌ 明るさが急に変わっても、視力にはとくに影響しない。

**問 42** ⚫ ❌ 図7の標示のあるところでの原動機付自転車の最高速度は、時速 40 キロメートルである。

図7

40
黄

**問 43** ⚫ ❌ 空走距離とは、ブレーキが効き始めてから車が停止するまでの距離である。

**問 33**
設問の場所は、**追い越しに加え、追い抜きも禁止**されています。

**問 34**

原付免許では、**小型特殊自動車を運転することはできません。**

**問 35**

車を追い越すときは右側を通行するのが原則ですが、設問の場合は**左側から追い越す**ことができます。

**問 36**

図6は**「追越しのための右側部分はみ出し通行禁止」**の標識で、右側部分にはみ出さなければ追い越すことができます。

**問 37**

自動車の特性を知っておくことが、**安全運転**につながります。

**問 38**

**一時停止か徐行**をして、高齢者が安全に通行できるようにします。

**問 39**

停止位置で安全に停止できるときは、**停止**しなければなりません。

**問 40**

**交通公害を少なくするような運転**に努めることが大切です。

**問 41**

明るさが急に変わると、**視力は一時、急激に低下**します。

**問 42**

**「最高速度時速 40 キロメートル」**の標示があっても、原動機付自転車の最高速度は時速 30 キロメートルです。

**問 43**

設問の内容は「制動距離」です。**危険を感じてブレーキをかけ、ブレーキが効き始めるまでに走る距離**が「空走距離」です。

## 視覚の特性

●一点だけを注視せずに、絶えず前方に注意し、周囲の交通にも目を配る

●速度が上がるほど視力は低下し、とくに近くのものが見えにくくなる

●疲労の影響は、目に最も強く現れる。疲労の度合いが高まるにつれて、見落としや見誤りが多くなる

●明るさが急に変わると、視力は一時、急激に低下する

**問44** 左折しようとするときは、あらかじめできるだけ道路の左端に寄り、交差点の側端(そくたん)に沿って徐行(じょこう)する。

🔘 ❌

**問45** 二輪車のブレーキは、前後輪ブレーキを同時に、数回に分けてかけるようにする。

🔘 ❌

**問46** 車両通行帯が黄色の線で区画されているところでは、この線を越えて進路変更をしてはいけない。

🔘 ❌

**問47**

時速30キロメートルで進行しています。どのようなことに注意して運転しますか?

🔘 ❌ (1) 子どもがバスのすぐ前を横断するかもしれないので、いつでも止まれるような速度に落としてバスの側方を進行する。

🔘 ❌ (2) 対向車があるかどうかバスのかげでよくわからないので、前方の安全を確かめてから、徐行をして中央線を越えて進行する。

🔘 ❌ (3) 後続の車がいるので、速度を落とすときは、追突(ついとつ)されないようにブレーキを数回に分けてかける。

**問48**

時速20キロメートルで進行しています。交差点を直進するときは、どのようなことに注意して運転しますか?

🔘 ❌ (1) 自分の車の前はあいていて、とくに危険はないと思うので、このままの速度で進行する。

🔘 ❌ (2) トラックのかげから対向車が右折してくるかもしれないので、このまま進行しないでトラックの後ろを追従(ついじゅう)する。

🔘 ❌ (3) トラックが急に左折して巻き込まれるかもしれないので、このまま進行しないでトラックの後ろを追従する。

**進路変更禁止の標示**

●Bの車両通行帯を通行する車は、Aの通行帯に進路変更してはいけない。Aの車両通行帯を通行する車の進路変更は禁止されていない

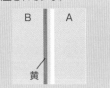

B　　A

黄

問 44
**○** 左折するときは、**道路の左端に寄り**、交差点の**側端に沿って徐行**します。

問 45
**○** 前後輪ブレーキを**同時**に、**数回に分けてかける**のが基本です。

問 46
**○** 黄色の線で区画された通行帯は、**進路変更禁止**を表しています。◀

問 47

ここに注目！

解説

乗降中の**子ども**に注目。また、バスのかげで<u>対向車</u>の有無も確認できません。

乗降中の通学・通園バスのそばを通るときは、徐行して安全を確かめなければなりません。また、対向車が来るおそれもあります。

(1)
**○** 速度を落として、**子どもの飛び出し**に備えます。

(2)
**○** **前方の安全**を確かめて、バスの側方を通過します。

(3)
**○** 後続車のことを考え、ブレーキを**数回に分けて**かけ、減速します。

問 48

ここに注目！

解説

トラックのかげで<u>交差点</u>がよく見えません。また、<u>トラック</u>の動向にも注意が必要です。

トラックに巻き込まれないような注意が必要です。また、トラックのかげで見えませんが、対向車が右折してくるおそれもあります。

(1)
**✕** トラックが**左折**したり、**右折車**がいたりするおそれがあります。

(2)
**○** このまま進むと、**右折車**と**衝突**するおそれがあります。

(3)
**○** このまま進むと、トラックが左折して**巻き込まれる**おそれがあります。

次の問題について、正しいものには「○」、誤っているものには「×」をつけなさい(問題番号下の ◎ × はチェック欄)。
【チェック欄の利用法】✓× 〼× ◎×

**問1**
◎ ×
工事用安全帽は、乗車用ヘルメットとして使用することができる。

**問2**
◎ ×
道路の左側部分が工事中で通行できなかったので、少し右側部分にはみ出して通行した。

**問3**
◎ ×
原動機付自転車で道路の右側にある施設に入ろうとするときは、図1のように進行しなければならない。

図1

**問4**
◎ ×
軽い交通事故の場合は、お互いに話し合いがつけば警察官に届け出なくてもよい。

**問5**
◎ ×
追い越しをする場合は、法定速度の制限を超えて加速してもよい。

**問6**
◎ ×
横断歩道の直前に車を止めてはいけないが、すぐ向こう側であれば止めることができる。

**問7**
◎ ×
交差点の信号が青色であっても、その先の交通が混雑していて交差点の中から出られなくなりそうなときは、交差点に進入してはならない。

**問8**
◎ ×
図2のような下り坂の急カーブに、矢印の標示があるところでは、中央線からはみ出して通行することができる。

図2

**問9**
◎ ×
同じ速度であれば、危険に気づいてブレーキをかけてから車が停止するまでの距離は、路面の状態に関係なくつねに同じである。

**問10**
◎ ×
正面の信号が赤色の点滅を表示しているとき、車は他の交通に注意を与えれば、徐行して交差点に入ることができる。

| 制限時間 | 配　点 | 合格点 |
|---|---|---|
| **30**分 | 問1〜問46　問47・48<br>➡1問1点　➡1問2点（3つすべて正解した場合のみ） | **45**点以上 |

正解　　　　　ポイント解説

**問1** ✕
工事用安全帽は、**乗車用ヘルメットとして使用できません**。

**問2** ○
左側部分だけでは通行できない場合は、**右側に最小限はみ出して通行**できます。

**問3** ✕
あらかじめ**道路の中央に寄って**から、右折しなければなりません。

**問4** ✕
軽い事故の場合でも、**警察官に届け出**なければなりません。

**問5** ✕
追い越しをする場合でも、**法定速度を超えては**いけません。

**問6** ✕
**横断歩道と前後5メートル以内は、駐停車禁止**場所です。

**問7** ○
交差点内で停止してしまうような場合は、青信号でも**交差点に進入してはいけません**。

**問8** ○
図2は**「右側通行」**を表す標示なので、右側部分にはみ出して通行できます。

**問9** ✕
路面の状態が悪い場合などでは、**停止距離が長**くなります。

**問10** ✕
赤色の点滅信号では、**車は一時停止**して、安全を確かめてから進行しなければなりません。

### ルール解説

## 交通事故を起こしたとき

①他の交通の妨げにならないような場所に車を移動し、エンジンを止める

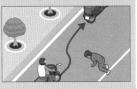

②負傷者がいる場合は、ただちに救急車を呼ぶ

③救急車が到着するまでの間、可能な応急救護処置を行う。頭部を負傷しているときは、むやみに動かさない

④事故が発生した場所や状況などを警察官に報告する

**問 11** 「警笛鳴らせ」の標識のないところであっても、見通しの悪い交差点を通行するときや、追い越しをするときは、警音器を鳴らさなければならない。

〇 ✕

**問 12** 図3の標示は、普通自転車が、この標示を越えて交差点に進入してはいけないことを表している。

〇 ✕

図3

黄

**問 13** 原動機付自転車を押して歩くときは、エンジンをかけたままでも歩道を通行することができる。

〇 ✕

**問 14** 車に乗る前に周囲の安全を確かめたときは、発進の合図と同時に発進してもよい。

〇 ✕

**問 15** 歩道のある道路では、原動機付自転車は歩道の左端に駐車することができる。

〇 ✕

**問 16** 前方の交差点で交通整理中の警察官が両腕を水平に上げているとき、身体の正面に対面する車は直進や右折することはできないが、徐行しながら左折することはできる。

〇 ✕

**問 17** 図4のような信号機のない道幅が同じ交差点にさしかかったA車は、B車の左方にいるので、先に進行することができる。

〇 ✕

図4

A

B

**問 18** 停留所に停止中の路線バスに追いついたときは、一時停止をして、バスが発進するまでその横を通過してはならない。

〇 ✕

**問 19** 横断歩道を通過するときは、歩行者がいてもいなくても一時停止しなければならない。

〇 ✕

**問 20** 環状交差点に入ろうとするときは、必ず一時停止して、環状交差点内を通行する車や路面電車の進行を妨げてはならない。

〇 ✕

**問 21** 二輪車を運転するときの手袋は、アクセルグリップを握ると滑りやすくなるから、使用しないほうがよい。

〇 ✕

**問 11**　設問のようなときは、**警音器を鳴らしてはいけません**。

 **問 12**　図3の標示は、「**普通自転車の交差点進入禁止**」を表しています。

 **問 13**　**エンジンを止めて**押して歩かないと、歩行者と見なされません。

 **問 14**　発進の合図を行ったあと、**もう一度安全確認**してから発進します。

 **問 15**　原動機付自転車でも歩道に駐車してはいけません。**車道の左端に沿って駐車**します。

 **問 16**　設問の手信号は**赤信号と同じ意味**なので、左折することもできません。

 **問 17**　A車は、**優先道路を通行しているB車**の進行を 妨げてはいけません。

 **問 18**　安全を確かめれば、**バスの側方を通過**することができます。

 **問 19**　歩行者が明らかにいない場合は**そのまま進行**でき、不明な場合は**停止できる速度に落として**進みます。

 **問 20**　必ずしも一時停止する必要はなく、**徐行**して車や路面電車の進行を妨げないようにします。

 **問 21**　手袋は汗などを吸い取るので、**使用したほうが安全に運転**できます。

## 警音器を鳴らさなければ ならないとき

●「警笛鳴らせ」の標識がある場所を通るとき

●「警笛区間」の標識がある区間内の次の場所を通るとき

左右の見通しのきかない交差点

見通しのきかない道路の曲がり角

見通しのきかない上り坂の頂上

原付模擬テスト

第2回

93

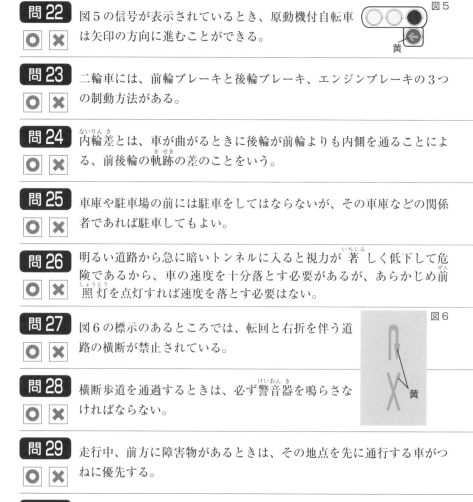

**問 22** 図5の信号が表示されているとき、原動機付自転車は矢印の方向に進むことができる。
〇 ✕

**問 23** 二輪車には、前輪ブレーキと後輪ブレーキ、エンジンブレーキの3つの制動方法がある。
〇 ✕

**問 24** 内輪差とは、車が曲がるときに後輪が前輪よりも内側を通ることによる、前後輪の軌跡の差のことをいう。
〇 ✕

**問 25** 車庫や駐車場の前には駐車をしてはならないが、その車庫などの関係者であれば駐車してもよい。
〇 ✕

**問 26** 明るい道路から急に暗いトンネルに入ると視力が 著 しく低下して危険であるから、車の速度を十分落とす必要があるが、あらかじめ前照灯を点灯すれば速度を落とす必要はない。
〇 ✕

**問 27** 図6の標示のあるところでは、転回と右折を伴う道路の横断が禁止されている。
〇 ✕

**問 28** 横断歩道を通過するときは、必ず警音器を鳴らさなければならない。
〇 ✕

**問 29** 走行中、前方に障害物があるときは、その地点を先に通行する車がつねに優先する。
〇 ✕

**問 30** 原動機付自転車に荷物を積むとき、高さは地上から2メートル以下、重さは30キログラム以下にしなければならない。
〇 ✕

**問 31** 運転中は、携帯電話の使用をやめるか、運転する前に電源を切るなどして呼出音が鳴らないようにしておく。
〇 ✕

**問 32** こう配の急な下り坂で、前方を走行している小型特殊自動車の速度が遅かったので、注意して追い越しをした。
〇 ✕

**問 22** 黄色の矢印信号は、**路面電車に対する信号**です。車は進むことはできません。

 **問 23** 二輪車には、設問のような**3つの制動方法**があります。

 **問 24** 内輪差は設問のとおりです。原動機付自転車は、とくに**左折するときの巻き込まれに注意**します。

 **問 25** たとえ関係者でも、**車庫や駐車場の出入口から3メートル以内**の場所には駐車してはいけません。

 **問 26** 前照灯を点灯しても、**明るさが急に変わると視力は低下**するので、速度を落とします。

 **問 27** 「転回禁止」の標示があるところでの右折を伴う道路の横断は、とくに禁止されていません。

 **問 28** **危険防止や指定された場所以外**では、警音器を鳴らしてはいけません。

 **問 29** **障害物がある側の車が一時停止か減速**をして、対向車に道を譲（ゆず）ります。

 **問 30** 原動機付自転車の積載制限は、**高さが地上から2メートル以下、重さが30キログラム以下**です。

 **問 31** 運転中、**携帯電話を手に持って使用することは禁止**されています。

 **問 32** こう配の急な下り坂は、**追い越し禁止場所**に指定されています。

## ルール解説

### 矢印信号と点滅信号の意味

● 青色の矢印信号では、車は、矢印の方向に進める（右向き矢印の場合、転回することもできる）。ただし、右向き矢印の場合、軽車両と二段階右折が必要な原動機付自転車は進行できない

● 黄色の矢印信号では、路面電車は矢印の方向に進める。車は進行できない

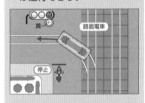

● 赤色の点滅信号では、車や路面電車は停止位置で一時停止し、安全を確認したあとに進行できる

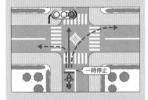

● 黄色の点滅信号では、車や路面電車は他の交通に注意して進行できる

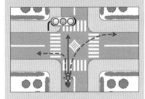

**問 33** ⭕ ❌ 図7の標識と標示は、ともに自転車横断帯であることを表している。

図7

**問 34** ⭕ ❌ 道路の曲がり角から5メートル以内の場所は、駐車は禁止されているが、停車は禁止されていない。

**問 35** ⭕ ❌ 追い越しをしようとするときは、方向指示器を出す前に前後の安全を確かめる。

**問 36** ⭕ ❌ 交差点などで停止するときは、ブレーキを数回に分けて使うほうが、追突などを防止できて安全である。

**問 37** ⭕ ❌ 任意保険に加入すると、気がゆるんで事故を起こしやすくなる傾向があるので、加入しないほうがよい。

**問 38** ⭕ ❌ 運転中は、自分本位でなく他の車や歩行者の立場も考えて、譲り合う気持ちが大切である。

**問 39** ⭕ ❌ 図8の標識のある道路を、原動機付自転車で通行した。

図8

**問 40** ⭕ ❌ 原動機付自転車を運転するときは、手首を下げてハンドルを前に押すような気持ちでグリップを軽く持ち、肩の力を抜いて、ひじをわずかに曲げる。

**問 41** ⭕ ❌ 車両通行帯のある道路では、車線をしばしば変更すると後続車の迷惑になり、交通事故の原因になるので、なるべく変更しないほうがよい。

**問 42** ⭕ ❌ 上り坂の頂上付近やこう配の急な下り坂を通行するときは、徐行しなければならない。

**問 43** ⭕ ❌ 自賠責保険証明書または責任共済証明書は重要な書類であるから、車とは別に保管しておくのがよい。

**問 33**　図7は、どちらも**自転車横断帯**であることを表す標識・標示です。

 **問 34**　曲がり角から5メートル以内は、**駐停車禁止場所**に指定されています。

 **問 35**　**あらかじめ安全を確かめてから**方向指示器を出し、追い越しを始めます。

 **問 36**　ブレーキを数回に分けると**後続車への合図**になり、追突防止に役立ちます。

 **問 37**　万一のことを考え、任意保険には**できるだけ加入**しましょう。

 **問 38**　お互いに譲り合いの気持ちを持つことが、**安全運転につながります。**

 **問 39**　図8は「**二輪の自動車以外の自動車通行止め**」の標識で、原動機付自転車は通行できます。

 **問 40**　原動機付自転車を運転するときは、設問の**正しい姿勢**を保ちましょう。

 **問 41**　みだりに進路変更すると交通事故の原因になるため、できるだけ**同一の通行帯**を通行します。

 **問 42**　上り坂の頂上付近やこう配の急な下り坂は、**徐行場所**に指定されています。

**問 43**　強制保険の証明書は、**車に備えつけて**おかなければなりません。

## 駐停車禁止場所

① 「駐停車禁止」の標識や標示（下記）のある場所

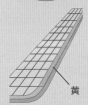

黄

②軌道敷内

③坂の頂上付近やこう配の急な坂（上りも下りも）

④トンネル（車両通行帯の有無に関係なく）

⑤交差点とその端から5メートル以内の場所

⑥道路の曲がり角から5メートル以内の場所

⑦横断歩道や自転車横断帯とその端から前後5メートル以内の場所

⑧踏切とその端から前後10メートル以内の場所

⑨安全地帯の左側とその前後10メートル以内の場所

⑩バス、路面電車の停留所の標示板（柱）から10メートル以内の場所（運行時間中に限る）

**問 44** | ○ | ✕ | 右折車や左折車は、図9のような矢印のある車両通行帯を通行してはならない。

図9

**問 45** | ○ | ✕ | 信号機の信号は、横が赤になっても前方が青であるとは限らない。

**問 46** | ○ | ✕ | ごく少量であれば、酒を飲んで原動機付自転車を運転してもよい。

**問 47**

交差点で右折待ちのために止まっています。どのようなことに注意して運転しますか？

| ○ | ✕ | (1) | バスは対向の乗用車に妨(さまた)げられすぐには進行してこないと思われるので、その前に右折する。 |

| ○ | ✕ | (2) | バスは自分の車が右折するのを待ってくれると思われ、また後続車がいるので、すばやく右折する。 |

| ○ | ✕ | (3) | バスの後ろの状況がわからないので、バスが通過したあとで様子を確かめてから右折する。 |

**問 48**

時速30キロメートルで進行しています。交差点を直進するときは、どのようなことに注意して運転しますか？

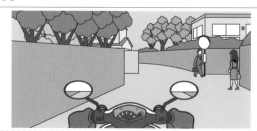

| ○ | ✕ | (1) | 前方の歩行者は横断を終わろうとしているので、交差点ではできるだけ左側に寄ってその動きに注意しながら、このままの速度で進行する。 |

| ○ | ✕ | (2) | 交差点の見通しが悪いので、その手前でいつでも止まれるような速度に落とす。 |

| ○ | ✕ | (3) | 交差する道路から歩行者が出てくるかもしれないので、カーブミラーや自分の目で左右の安全を確かめて進行する。 |

**問 44** ○

図9は「進行方向別通行区分（直進のみ）」の標示で、直進車しか通行できません。

**問 45** ○

時差式などの信号もあるため、正面の信号に従わなければなりません。

**問 46** ✕

ごく少量でも、酒を飲んで車を運転してはいけません。

**問 47** | ここに注目！ | 解説

バスはこのまま停止しているか、バスのかげから二輪車が直進してこないか、注意が必要です。

> バスは、右折車を避けて進行してくるおそれがあります。また、バスのかげから二輪車などが直進してくるおそれもあります。

(1) ✕ バスは**前車を避けて進行してくるおそれ**があります。

(2) ✕ バスは自車の**右折を待ってくれるとは限りません**。

(3) ○ バスの通過を待ち、**安全を確かめてから右折**します。

**問 48** | ここに注目！ | 解説

見通しの悪い交差点では、目に見えないさまざな危険を予測しなければなりません。

> 左側の路地、または右側の路地から人や車が急に出てくるおそれがあります。速度を落とし、カーブミラーをよく見て、安全を確かめる必要があります。

(1) ✕ 歩行者の有無がわからないので、**すぐ止まれる速度**に落とします。

(2) ○ いつでも止まれるように**速度を落として進行**します。

(3) ○ カーブミラーなどを見て**歩行者の有無を確認**します。

# 原付模擬テスト

次の問題について、正しいものには「○」、誤っているものには「×」をつけなさい(問題番号下の ◎ × はチェック欄)。
【チェック欄の利用法】☑× 〰× ◎×

**問1**
◎ ×

歩行者や自転車のそばを通るときは、安全な間隔をあけるか徐行しなければならない。

**問2**
◎ ×

前方の交通が混雑しているため、踏切内で停止するおそれのあるときは、踏切に入ってはならない。

**問3**
◎ ×

停止距離とは、空走距離と制動距離を合わせた距離のことをいう。

**問4**
◎ ×

図1の灯火信号が表示された場合、すでに停止位置を越えている車は、そのまま進行することができる。

図1

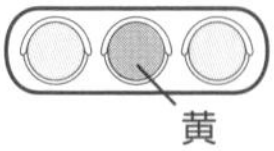

黄

**問5**
◎ ×

原動機付自転車は、高速自動車国道はもちろん、自動車専用道路も通行することができない。

**問6**
◎ ×

原動機付自転車の乗車定員は1名だけで、二人乗りをすることはできない。

**問7**
◎ ×

信号機の信号と警察官の手信号が違っている場合は、信号機の信号に従わなければならない。

**問8**
◎ ×

排気ガスに含まれる一酸化炭素、炭化水素、窒素酸化物などは、人体に無害である。

**問9**
◎ ×

図2の標示板のあるところでは、前方の信号が赤や黄であっても、まわりの交通に注意して左折することができる。

図2

←

**問10**
◎ ×

原動機付自転車に積載できる荷物の重量は、50キログラムまでである。

| 正解 | ポイント解説 |
|---|---|

**デザインが似ている標識**

●一方通行（上）と左折可（下）

**問1** 歩行者や自転車を安全に通行させるために、**安全な間隔をあけるか徐行**します。

**問2** 設問のような場合は、**踏切に進入してはいけません**。

●専用通行帯（上）と<br>　路線バス等優先通行帯（下）

**問3** **危険を感じてブレーキをかけ、実際に車が停止するまでの距離**が停止距離です。

**問4** 黄色の灯火信号に変わったとき、**すでに停止位置を越えている車は、そのまま進行**できます。

●最高速度（上）と最低速度（下）

**問5** 原動機付自転車は、**高速道路（高速自動車国道や自動車専用道路）を通行できません**。

**問6** 原動機付自転車の**二人乗りは禁止**されています。

**問7** 信号機の信号ではなく、**警察官の手信号に従わなければなりません**。

●歩行者等通行止め（上）と<br>　歩行者等横断禁止（下）

**問8** 一酸化炭素、炭化水素、窒素酸化物などは、**人体に有害な物質**です。

**問9** 図2は**「左折可」**の標示板で、周囲の交通に注意して左折できます。

**問10** 原動機付自転車に積載できる荷物の重量は、**30キログラム**までです。

原付模擬テスト

第3回

**問 11** ⭕ ❌ 信号機のない交差点で、交差する道路のほうが幅が広かったが、こちらのほうが左方車なので先に進行した。

**問 12** ⭕ ❌ ぬかるみや砂利道(じゃりみち)を通行するときは、速度を上げて一気に通過するのがよい。

**問 13** ⭕ ❌ 図3の信号機に対面するすべての車は、矢印の方向に進むことができる。

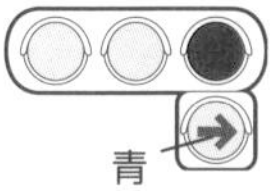

図3
青

**問 14** ⭕ ❌ エンジンブレーキは、高速ギアより低速ギアのほうが制動効果が高い。

**問 15** ⭕ ❌ 二輪車でカーブにさしかかったときは、車体を傾(かたむ)けると危険なので、ハンドルを切って曲がるようにする。

**問 16** ⭕ ❌ 見通しがよければ、こう配(ばい)の急な下り坂であっても徐行(じょこう)する必要はない。

**問 17** ⭕ ❌ 警察官が図4のような手信号をしているとき、矢印の方向に進行する交通については、信号機の赤色の灯火の意味と同じである。

図4

**問 18** ⭕ ❌ 規制標識は、道路上の危険などを前もって道路利用者に知らせて注意を促(うなが)すものである。

**問 19** ⭕ ❌ 原動機付自転車を運転するときは、できるだけ人目につきやすい服装をするのがよい。

**問 20** ⭕ ❌ 図5のように区画された車両通行帯では、矢印のように進路変更することができる。

図5
黄

**問 21** ⭕ ❌ 故障(こしょう)した車を道路に止めておくことはやむを得ないので、駐車には当たらない。

問 11 設問のような交差点では、**広い道路を通行する車の進行を 妨 げてはいけません**。

 問 12 ぬかるみや砂利道は、**低速ギアで速度を落として通過**します。

 問 13 青色の右折の矢印信号では、**軽車 両 と二段階右折が必要な原動機付自転車は進行できません**。

 問 14 エンジンブレーキは、**低速ギアのほうがよく効きます**。

 問 15 ハンドルだけで曲がろうとすると転倒する危険があります。**車体を傾けて、自然にカーブを曲がります**。

 問 16 こう配の急な下り坂は、**見通しにかかわらず徐行**しなければなりません。

 問 17 警察官の身体の正面または背面に対面する交通は、**赤色の灯火信号と同じ意味**です。

 問 18 設問の内容は警戒標識です。規制標識は、**特定の交通方法を禁止**したり、**特定の方法に従って通行するよう指定**したりするものです。

 問 19 他の運転者から見落とされないように、**視認性のよい服装で運転**します。

 問 20 黄色の線で区画された通行帯は**「進路変更禁止」**を意味します。**黄色の線がある側からは、進路変更してはいけません**。

 問 21 故障車でも、車の継続的な停止になるので、**駐車に該当**します。

## 警察官などの手信号・灯火信号の意味

### ●腕を横に水平に上げているとき

身体の正面に対面する交通は、赤色の灯火信号と同じ。
身体の正面に平行する交通は、青色の灯火信号と同じ。

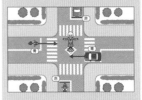

### ●腕を垂直に上げているとき

身体の正面に対面する交通は、赤色の灯火信号と同じ。
身体の正面に平行する交通は、黄色の灯火信号と同じ。

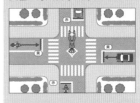

### ●灯火を横に振っているとき

身体の正面に対面する交通は、赤色の灯火信号と同じ。
身体の正面に平行する交通は、青色の灯火信号と同じ。

### ●灯火を頭上に上げているとき

身体の正面に対面する交通は、赤色の灯火信号と同じ。
身体の正面に平行する交通は、黄色の灯火信号と同じ。

**問22** ○ ✕  車道の左端を走っている原動機付自転車は、左折する自動車に巻き込まれることがあるので、左折車の動きに注意しなければならない。

**問23** ○ ✕  大型特殊免許を受けていれば、原動機付自転車を運転することができる。

**問24** ○ ✕  原動機付自転車の法定速度は、時速40キロメートルである。

**問25** ○ ✕  速度が2倍になれば、制動距離も2倍になる。

**問26** ○ ✕  図6の標識のある通行帯を、原動機付自転車で通行した。

図6

**問27** ○ ✕  自動車や原動機付自転車を運転するときは、周囲の歩行者や車の動きに注意し、相手の立場について思いやりの気持ちを持つことが大切である。

**問28** ○ ✕  同一方向に3つ以上の車両通行帯があるとき、原動機付自転車はどの通行帯を通行してもよい。

**問29** ○ ✕  カーブを通行するときは速度を落とさなければならないが、ブレーキはカーブ内でかけるのが最も効果的である。

**問30** ○ ✕  路線バスが方向指示器で発進のための合図をしたとき、後方の車は原則としてその発進を妨げてはならない。

**問31** ○ ✕  図7の標示は、近くに横断歩道または自転車横断帯があることを表している。

図7

**問32** ○ ✕  原動機付自転車の前輪ブレーキと後輪ブレーキは、別々に操作できるようになっている。

左折するときは、**自動車の内輪差に注意**が必要です。

大型特殊免許では、大型特殊自動車のほか、**原動機付自転車と小型特殊自動車を運転**できます。

標識などで最高速度が指定されていない道路での原動機付自転車の最高速度は、**時速 30 キロメートル**です。

制動距離は**速度の二乗に比例**するので、**速度が2倍になれば4倍**になります。

原動機付自転車は、**路線バスなどの「専用通行帯」**を通行できます。

思いやりを持って運転するのは、**運転者の心得として大切なこと**です。

原動機付自転車は、原則として **最も左側の通行帯を通行**します。

ブレーキは**カーブの手前の直線部分で使用**し、カーブに入ってからブレーキをかけないようにします。

急ブレーキや急ハンドルで避けなければならない場合を除き、**路線バスの発進を妨げてはいけません**。

図7は**「横断歩道または自転車横断帯あり」**を表す標示です。

二輪車の前輪と後輪のブレーキは、**独立して働く構造**になっています。

---

ルール解説

## 横断歩道を通過するとき

●横断歩道を横断する人が明らかにいないときは、そのまま進める

そのまま進行

●横断歩道を横断する人がいるかいないか明らかでないときは、停止できるような速度で進む

停止できるような速度

●横断歩道を横断する人、横断しようとしている人がいるときは一時停止

一時停止

●横断歩道の手前に停止車両があるときは、停止車両の前方に出る前に一時停止

一時停止

＊横断歩道とその手前から30メートル以内の場所は、追い越し・追い抜き禁止。

原付模擬テスト

第3回

**問 33**

◯ ✖

交通事故が発生した場合、人身事故でないときは、当事者同士で話し合えば警察官に届けなくてもよい。

**問 34**

◯ ✖

交差点を通行中、緊急自動車が近づいてきたので、交差点内の左側に寄って一時停止した。

**問 35**

◯ ✖

原付免許を受けていれば、原動機付自転車、ミニカー、小型特殊自動車を運転することができる。

**問 36**

◯ ✖

火災報知機から1メートル以内は、駐車が禁止されている。

**問 37**

◯ ✖

図8の標示は、最低速度を表したものである。

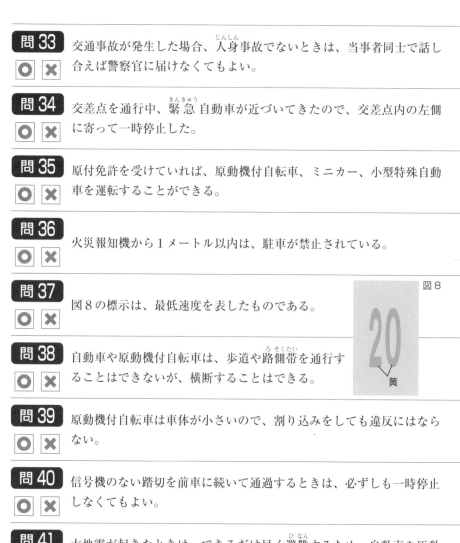

図8

黄

**問 38**

◯ ✖

自動車や原動機付自転車は、歩道や路側帯を通行することはできないが、横断することはできる。

**問 39**

◯ ✖

原動機付自転車は車体が小さいので、割り込みをしても違反にはならない。

**問 40**

◯ ✖

信号機のない踏切を前車に続いて通過するときは、必ずしも一時停止しなくてもよい。

**問 41**

◯ ✖

大地震が起きたときは、できるだけ早く避難するため、自動車や原動機付自転車を積極的に利用する。

**問 42**

◯ ✖

図9の標識は、横断歩道を表している。

図9

黄

**問 43**

◯ ✖

重い荷物を積んでいる場合、制動距離は短くなる。

**問 33**

事故の内容にかかわらず、**交通事故は警察官に届け出**なければなりません。

**問 34**

**交差点を避け、道路の左側に寄って一時停止し**なければなりません。

**問 35**

原付免許では、**原動機付自転車しか運転できません**。

**問 36**

火災報知機から1メートル以内は、**駐車禁止場所**に指定されています。

**問 37**

最低速度ではなく、**「最高速度時速 20 キロメートル」**を表す規制標示です。

**問 38**

自動車や原動機付自転車は、**歩道や路側帯を横断することはできます**。

**問 39**

原動機付自転車でも、**割り込みをしてはいけません**。

**問 40**

青信号に従う以外は、**停止位置で一時停止**しなければなりません。

**問 41**

やむを得ない場合を除き、**避難のために車を使用してはいけません**。

**問 42**

図9は**「学校、幼稚園、保育所などあり」**を表す警戒標識です。

**問 43**

重い荷物を積んでいる場合、**制動距離は長くなります**。

## 間違いやすい警戒標識

●T形道路交差点あり

黄

行き止まりを表すものではない点に注意。

●学校、幼稚園、保育所などあり

黄

「横断歩道」の図柄と似ている点に注意。

●車線数減少

黄

道路の幅が狭くなる「幅員減少」と間違えないように注意。

●道路工事中

黄

通行禁止を表すものではない点に注意。

**問 44** ○ ✕

発進するときは、右側の方向指示器で合図をするとともに、前後・左右の安全を確かめなければならない。

**問 45** ○ ✕

事故を起こさない自信があれば、走行中に携帯電話を使用してもよい。

**問 46** ○ ✕

下り坂では、加速がついて停止距離が長くなるので、車間距離を長くとることが大切である。

**問 47**

交差点を左折するため、時速10キロメートルに減速しました。どのようなことに注意して運転しますか？

○ ✕ (1) 歩行者が横断歩道を横断し始めようとしているので、横断を終えるまでその手前で待つ。

○ ✕ (2) 夜間は視界が悪くなるため、自転車などの発見が遅れがちになるので、十分注意して左折する。

○ ✕ (3) 前照灯の照らす範囲の外は見えにくいので、左側の横断歩道全体を確認しながら進行し、横断歩道の手前で停止する。

**問 48**

時速30キロメートルで進行しています。前方に停止中の車の後ろからバスが近づいてくるときは、どのようなことに注意して運転しますか？

○ ✕ (1) バスが中央線をはみ出してくるかもしれないので、はみ出してこないように中央線に寄って進行する。

○ ✕ (2) バスは旅客の安全を考え、無理な運転をせずに自分の車を先に通過させると思われるので、待たせないように加速して通過する。

○ ✕ (3) 止まっている車のかげから歩行者が出てくるかもしれないので、車のかげの様子やバスの動きに気をつけながら減速して通過する。

**問 44**

あらかじめ周囲の**安全を確かめてから**発進します。

**問 45**

走行中の携帯電話の使用は危険です。**通話や操作のために使用してはいけません。**

走行中の携帯電話の使用は禁止

●運転中は、携帯電話を手に持って通話や操作をしてはいけない。運転前に電源を切る、または呼出音が鳴らないようにする

**問 46**

下り坂は、**平地よりも車間距離を長くとって走行**します。

**問 47**

**解説**

**ここに注目！** 夜間は、視界が悪く<u>周囲の安全</u>が確認しにくい状況です。<u>歩行者の動向</u>にも注意が必要です。

夜間は周囲が見えにくく、とくにライトの照らす範囲以外には注意が必要です。速度を落とし、少しでも早く危険を発見するようにしましょう。

(1)
○ 手前で停止して、**歩行者の横断を妨げない**ようにします。

(2)
○ 自転車など、**他の交通にも注意**して左折します。

(3)
○ **横断歩道の手前で停止**して、他の交通にも注意を向けます。

**問 48**

**解説**

**ここに注目！** 進路の<u>前方</u>にはとくに危険はないようですが、反対車線には<u>駐車車両</u>があり、<u>後続のバス</u>も迫っています。

右側のトラックのかげから人が出てくる危険や、バスが中央線からはみ出してくる危険を予測します。

(1)
✕ 中央線に寄って進行すると、**バスに衝突するおそれ**があります。

(2)
✕ バスは自車の通過を**待ってくれるとは限りません。**

(3)
○ バスのかげからの**歩行者の飛び出しに注意**して減速します。

次の問題について、正しいものには「○」、誤っているものには「×」をつけなさい(問題番号下の ◎ ✗ はチェック欄)。
【チェック欄の利用法】☑ ✗ ⬛✗ ◎✗

**問1** ◎ ✗　二輪車の運転者は、四輪車の運転者が自分に気づいていないと考えるとともに、見落とされないような配慮(はいりょ)が必要である。

**問2** ◎ ✗　標識や標示で最高速度の指定のない道路では、原動機付自転車は時速30キロメートルを超える速度で運転してはならない。

**問3** ◎ ✗　原動機付自転車が交差点を直進するため、図1のB車線を通行中、後方から緊急(きんきゅう)自動車が接近してきたが、そのまま通行区分に従って通行した。

図1

**問4** ◎ ✗　睡眠不足で疲れていたが、早く帰宅し休んだほうがよいと思い、原動機付自転車を運転して自宅へ帰った。

**問5** ◎ ✗　交通法規にないようなことは、運転者の判断によるしかないので、自分本位に考えて運転すればよい。

**問6** ◎ ✗　原動機付自転車を運転中、大地震が発生したときは、急ハンドルや急ブレーキを避けるなど、できるだけ安全な方法で道路の左側に停止(さ)せる。

**問7** ◎ ✗　路面が雨に濡(ぬ)れ、タイヤがすり減っている場合の停止距離は、乾燥(かんそう)した路面でタイヤの状態がよい場合に比べて、2倍程度に延びることがある。

**問8** ◎ ✗　図2の標識が一方通行の道路の右端に設けられているときは、道路の右端に沿って駐車することができる。

図2

**問9** ◎ ✗　二輪車のマフラーに穴があいていても、運転に支障はないので、そのまま運転してもかまわない。

**問10** ◎ ✗　道路の曲がり角付近では追い越しはできないが、幅が広い曲がり角であれば追い越しをすることができる。

| 正解 | ポイント解説 |
|---|---|

 **問1**　四輪車の死角に入らないように、防衛運転を心がけることが大切です。

 **問2**　原動機付自転車の**法定速度は、時速30キロメートル**です。

 **問3**　緊急自動車が接近してきたときは通行区分に従う必要はなく、**左側のAの車線に移り**、進路を譲ります。

 **問4**　疲れているときは判断力が衰えるので、**運転を控える**ようにしましょう。

 **問5**　自分本位に運転するのではなく、**他の交通の安全を考えることが大切**です。

 **問6**　大地震が発生したときは、**急ハンドルや急ブレーキを避ける**などして停止します。

 **問7**　雨の日などは、**停止距離が2倍程度に延びることがある**ので、状況を考えた運転を心がけます。

 **問8**　**「駐車可」**の標識がある場合は、右端でも駐車できます。

 **問9**　マフラーに穴があいた二輪車は**整備不良車**となり、運転してはいけません。

 **問10**　道路の曲がり角付近は、道幅に関係なく、**追い越し禁止場所**に指定されています。

## ルール解説

### 追い越し禁止場所

①標識（下記）により追い越しが禁止されている場所

追越し禁止

「追越し禁止」の標識

②道路の曲がり角付近

③上り坂の頂上付近

④こう配の急な下り坂

⑤トンネル（車両通行帯がある場合を除く）

⑥交差点とその手前から30メートル以内の場所（優先道路を通行している場合を除く）

⑦踏切とその手前から30メートル以内の場所

⑧横断歩道や自転車横断帯とその手前から30メートル以内の場所

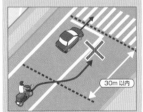

**問 11** ⊙ ✕ 停車とは駐車以外の停止で、法令の規定、警察官の命令、危険防止のための停止、人の乗り降りや5分以内の荷物の積みおろしなどでの停止をいう。

**問 12** ⊙ ✕ 図3の標識がある場合、この先の坂では追い越しが禁止されている。

図3

10%

黄

**問 13** ⊙ ✕ 車の速度が上がるほど、視野は狭くなり、近くはぼやけて見えにくくなる。

**問 14** ⊙ ✕ 合図をすれば、他の交通に関係なく、3秒後に進路を変えることができる。

**問 15** ⊙ ✕ 車から離れるときは、短時間であればエンジンを止める必要はない。

**問 16** ⊙ ✕ 原動機付自転車が幅の広い道路で右折しようとするときは、十分手前から徐々に右折車線に移るようにする。

**問 17** ⊙ ✕ 図4の標示のあるところでは、駐車も停車もしてはならない。

図4

**問 18** ⊙ ✕ 路線バスなどの専用通行帯は、路線バスなど以外に軽車両だけが通行することができる。

黄

**問 19** ⊙ ✕ 踏切の直前で警報機が鳴り始めたときは、急いで踏切を通過するようにする。

**問 20** ⊙ ✕ 原動機付自転車の乗車姿勢は、肩の力を抜き、ひじをわずかに曲げて背筋を伸ばし、視線は先のほうへ向けるようにする。

**問 21** ⊙ ✕ 警音器は、危険防止の場合はもちろん、交通が渋滞しているときや前車の発進を促すときにも使用する。

問11 ○ 人の乗り降りや5分以内の荷物の積みおろしなどは、**駐車ではなく停車**になります。

問12 × 図3は「**上り急こう配あり**」の標識ですが、こう配の急な上り坂は追い越し禁止場所ではありません。

問13 ○ 視覚の特性で、**速度が上がるほど視野は狭くなり、近くは見えにくく**なります。

問14 × 進路変更は、**十分安全を確かめて**から、行わなければなりません。

問15 × 車から離れるときは、**短時間でもエンジンを止め**なければなりません。

問16 ○ 急な進路変更は危険です。**十分手前から、右折車線に進路変更**しておきます。

問17 ○ 黄色の実線の引かれた部分は、「**駐停車禁止**」を表しています。

問18 × **原動機付自転車や小型特殊自動車も、専用通行帯を通行**できます。

問19 × 警報機が鳴り始めたときは、**踏切を通過してはいけません**。

問20 ○ 原動機付自転車は、設問のような**正しい姿勢で運転**します。

問21 × 標識のある場所や危険防止などやむを得ない場合以外の警音器の使用は**警音器の乱用になる**ので、使用してはいけません。

## 踏切を通過するときの注意点

● 遮断機が下り始めているときや警報機が鳴っているときは、踏切に入ってはいけない

● 踏切に信号機がある場合はその信号に従う。青信号のときは、一時停止する必要はなく、安全を確かめて通過できる

● エンストを防止するため、低速ギアのまま一気に通過する。落輪しないようにやや中央寄りを通過する

● 踏切の向こう側に自分の車が入れる余地があるかどうかを確認する

**問 22** ⭕ ❌ 図5の路側帯は、自動車や原動機付自転車はもちろん、軽車両も通行することができない。

図5
路側帯
車道

**問 23** ⭕ ❌ 普通免許では小型特殊自動車を運転することはできないが、原動機付自転車を運転することはできる。

**問 24** ⭕ ❌ 近くに交差点のない道路で緊急自動車に進路を譲るときは、道路の左側に寄って一時停止しなければならない。

**問 25** ⭕ ❌ 夜間、二輪車を運転するときは、反射性のある衣服または反射材の付いたヘルメットを着用するとよい。

**問 26** ⭕ ❌ 徐行とは、標識や標示によって示されている最高速度の2分の1以下の速度で進行することである。

**問 27** ⭕ ❌ 図6の標識のある交差点では、原動機付自転車の右折が禁止されている。

図6

**問 28** ⭕ ❌ 二輪車のブレーキをかけるときは、車体を垂直に保ち、ハンドルを切らない状態でエンジンブレーキを効かせながら、前後輪ブレーキを同時にかけるようにする。

**問 29** ⭕ ❌ ミニカーは、原付免許で運転することができる。

**問 30** ⭕ ❌ 原動機付自転車は、運転に支障がなければ、幼児を背負って運転しても違反にはならない。

**問 31** ⭕ ❌ 安全地帯のそばを通行するときは、歩行者の有無に関係なく、必ず徐行しなければならない。

**問 32** ⭕ ❌ 転回の合図の時期と方法は、右折の場合と同じである。

図5は「**歩行者用路側帯**」で、軽車両も通行できません。

普通免許では、**小型特殊自動車も運転すること**ができます。

交差点やその付近以外では、**左側に寄ればよく**、一時停止する必要はありません。

**他者から目につくような服装で運転すること**で、視認性が高まります。

徐行とは、**すぐに停止できる速度で進行すること**をいい、**時速 10 キロメートル以下**が目安です。

図6は「**一般原動機付自転車の右折方法（小回り）**」の標識で、二段階右折が禁止されています。

**急ブレーキは避け**、設問のようなブレーキのかけ方をするようにします。

**ミニカーは普通自動車**になるので、原付免許では運転できません。

原動機付自転車の**乗車定員は運転者の 1 名だけ**です。幼児を背負って運転すると二人乗りになります。

安全地帯に**歩行者がいないときは、徐行する必要はありません**。

右折と同様に、**30 メートル手前で右側の方向指示器などで合図**をします。

## 原動機付自転車の二段階右折

● 二段階右折しなければならないとき

① 交通整理が行われていて、車両通行帯が3つ以上ある道路の交差点で右折するとき。
②「一般原動機付自転車の右折方法（二段階）」の標識（下記）がある道路の交差点で右折するとき。

● 二段階右折してはいけないとき（小回り右折するとき）

① 交通整理が行われていない道路の交差点で右折するとき。
② 交通整理が行われていて、車両通行帯が2つ以下の道路の交差点で右折するとき。
③「一般原動機付自転車の右折方法（小回り）」の標識（下記）がある道路の交差点で右折するとき。

**問 33** 中央線が図7の場合、道路の右側部分にはみ出して追い越しをしてはならない。

〇 ✕

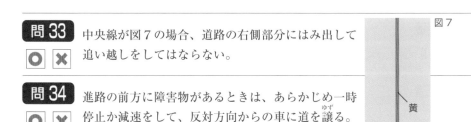

図7

黄

**問 34** 進路の前方に障害物があるときは、あらかじめ一時停止か減速をして、反対方向からの車に道を譲（ゆず）る。

〇 ✕

**問 35** 児童の乗り降りのため停止している通学バスの側方を通過するときは、バスとの間に1メートル以上の間隔（かんかく）をとれば徐行（じょこう）しなくてもよい。

〇 ✕

**問 36** 路側帯（ろそくたい）があっても、その幅（せま）が狭いときは、車道の左端に沿って駐停車しなければならない。

〇 ✕

**問 37** 夜間、交通量の多い市街地の道路を通行する原動機付自転車は、前照灯（ぜんしょうとう）を点灯する必要はない。

〇 ✕

**問 38** 走行中の二輪車を後方から見た場合、図8の合図は左折することを表している。

〇 ✕

図8

**問 39** 止まっているものに衝突（しょうとつ）した場合、衝突の寸前に速度を2分の1に減速することができれば、衝突時に受ける力は2分の1になる。

〇 ✕

**問 40** 交通事故が起きたときは、まず警察官へ事故の状況を報告し、その後に事故の続発防止措置（ぞくはつぼうしそち）や負傷者の救護（きゅうご）をしなければならない。

〇 ✕

**問 41** 原付免許は、交通違反をしたり交通事故を起こしたりしても、免許の取り消しの対象にはならない。

〇 ✕

**問 42** 図9の標識は、歩行者、遠隔操作型小型車、車、路面電車のすべてが通行できないことを表している。

〇 ✕

図9

通行止

**問 43** 警察官が「止まれ」の手信号をしていたが、前方が青信号だったので、他の交通に注意して進行した。

〇 ✕

問 33
図7の標示は、「**追越しのための右側部分はみ出し通行禁止**」を表します。

問 34
**障害物のある側の車が一時停止か減速**をして、反対方向からの車に道を譲ります。

問 35
1メートル以上の間隔があっても、児童の急な飛び出しに備え、**徐行**しなければなりません。

問 36
幅が0.75メートル以下の路側帯では、中に入らず、**車道の左端に沿って駐停車**します。

問 37
夜間運転するときは、**前照灯を点灯**しなければなりません。

問 38
二輪車の腕を斜め下に伸ばす合図は、**徐行か停止**することを表します。

問 39
衝突時に受ける 衝 撃 力 は、**速度が2分の1になれば、4分の1**に減ります。

問 40
まず、**事故の続発防止措置をとり、負傷者を救護**してから警察官に報告します。

問 41
原付免許でも、違反をしたり事故を起こしたりすれば、**取り消しの対象**になります。

問 42
図9は**「通行止め」**の標識で、歩行者、遠隔操作型小型車、車、路面電車のすべてが通行できません。

問 43
信号機の信号ではなく、**警察官の手信号に従わなければなりません。**

### 行き違いの方法

●進路の前方に障害物があるときは、あらかじめ一時停止か減速をして、対向車に道を譲る

●片側に危険ながけがあるときは、がけ側の車が安全な場所で一時停止して、対向車に道を譲る

●狭い坂道で行き違うときは、下りの車が一時停止して、上りの車に道を譲る

●待避所があるときは、上り・下りに関係なく、待避所がある側の車がそこに入って道を譲る

原付模擬テスト

第4回

**問 44**

O ✖

二輪車は体格に合った車両を選ぶようにし、またがったときに両足のつま先が地面に届くくらいの大きさのものがよい。

**問 45**

O ✖

自転車横断帯に自転車がいないことがはっきりしているときは、その直前で前車を追い越してもよい。

**問 46**

O ✖

二輪車は四輪車と違って、左折時や右折時に内輪差は生じない。

**問 47**

時速 30 キロメートルで進行しています。どのようなことに注意して運転しますか？

O ✖ (1) 歩行者はかさをさしているため、車が近づいていることに気づきにくいので、歩行者の動きに十分注意して進行する。

O ✖ (2) 子どもがふざけて車の前に飛び出してくるかもしれないので、すぐ止まれる速度で進行する。

O ✖ (3) 泥や水をはねて歩行者に迷惑をかけてもとくに責任は問われないので、加速して進行する。

**問 48**

時速 30 キロメートルで進行しています。交差点を直進するときは、どのようなことに注意して運転しますか？

O ✖ (1) 対向車が先に右折を始めたり、左側の車が交差点に入ってきたりするかもしれないので、両方の車の動きに気をつけながら進行する。

O ✖ (2) 左側の車は対向車の右折の合図を見てそのまま交差点を通過するかもしれないので、後続車に注意しながらスロットルをゆるめて進行する。

O ✖ (3) 左側の車は優先道路を通行している自分の車を先に通過させると思われるので、やや加速して進行する。

**問 44**

 ◯

二輪車は、設問のような**体格に合った大きさの**ものを選びます。

 **問 45**

✕

自転車横断帯とその手前 30 メートル以内では、**追い越しをしてはいけません。**

 **問 46**

✕

左折や右折をするときは、**二輪車も四輪車と同**じように内輪差が生じます。

 **問 47**

**ここに 注目！**

**解説**

雨の日は路面が滑りやすくなっているうえ、歩行者の視界も狭くなりがちです。

雨の日に歩行者のそばを通るときは、水をはねて迷惑をかけないように速度を落とします。また、歩行者も車の接近に気づきにくい傾向があります。

(1)

◯ 歩行者は**車の接近に気づかないおそれがある**ので、十分注意します。

(2)

◯ 子どもが**車の前に出てくるおそれがある**ので、速度を落とします。

(3)

✕ 泥はね運転は、**運転者に責任**があります。減速して進行しましょう。

 **問 48**

**ここに 注目！**

**解説**

優先道路を通行していても、安全とは限りません。対向車や左側から来る車の動向に注意が必要です。

優先道路の運転者は、とかく優先意識を持ちすぎる傾向があります。状況によっては速度を落とし、交差道路の車の進行に注意を 傾けましょう。

(1)

◯ **対向車や左側の車の動向に注意**して進みます。

(2)

◯ 左側の車は**自車の前方に出てくるおそれがある**ので、速度を落とします。

(3)

✕ 左側の車は、**自車に進路を譲るとは限りません。**

**ルール解説**

**内輪差の意味**

● 車が曲がるとき、後輪が前輪より内側を通ることによる、前後輪の軌跡の差が内輪差

軌跡の差

原付模擬テスト

第 4 回

# 原付模擬テスト

次の問題について、正しいものには「○」、誤っているものには「×」をつけなさい（問題番号下の ◎ × はチェック欄）。
【チェック欄の利用法】☑ × ✏ × ◎ ×

**問1** ◎ × 車を運転する人は、つねに紙くず、たばこの吸いがら、空き缶などの処理を考えて運転することが大切である。

**問2** ◎ × 車が衝突しそうなとき、道路外が危険な場所ではなかったので、道路外に出て衝突を回避した。

**問3** ◎ × 子どもが乗り降りしている通学・通園バスの側方を通過するときは、必ず一時停止しなければならない。

**問4** ◎ × 図1の標識のあるところを通行するときは、必ず警音器を鳴らさなければならない。

図1

**問5** ◎ × 対向車のライトがまぶしいときは、視点をやや左前方に移して、目がくらまないようにする。

**問6** ◎ × 踏切は少しでも早く通過したほうがよいので、スピードを上げ、変速チェンジをして通過する。

**問7** ◎ × 加速するときはアクセルグリップをゆっくり回し、減速するときはすばやく戻す。

**問8** ◎ × 原動機付自転車は、道路の左寄りを通行しなければならないので、他の車を追い越すときは左側から追い越す。

**問9** ◎ × 図2の標識のある道路は、この先が道路工事中のため通行が禁止されている。

図2
黄

**問10** ◎ × 車両通行帯のない道路では、中央線から左側であれば、どの部分を通行してもよい。

| 正解 | ポイント解説 |
|---|---|

**問1** 紙くずなどの正しい処理は、**運転者のマナーとして大切なこと**です。

**問2** 道路外が安全な場所のときは、**道路外に出て衝突を回避**します。

**問3** 必ずしも一時停止する必要はなく、**徐行して安全を確かめ**ます。

**問4** 「警笛鳴らせ」の標識のある場所では、警音器を鳴らさなければなりません。

**問5** ライトを見つめずに、**視点をやや左前方に移し**ます。

**問6** エンスト防止のため、**低速ギアのまま変速チェンジをしないで一気に通過**します。

**問7** アクセルグリップの操作は、**設問のように行い**ます。

**問8** 原動機付自転車の場合も、追い越しをするときは**前車の右側を通行するのが原則**です。

**問9** 図2は**「道路工事中」**を表しますが、通行が禁止されているわけではありません。

**問10** 車両通行帯のない道路では、**左側部分の左寄りを通行**しなければなりません。

---

## ルール解説

### 追い越しの方法

● 車を追い越すときは、前車の右側を通行するのが原則

● 前車が右折のため道路の中央に寄って通行しているときは、その左側を通行する

● 路面電車を追い越すときは、路面電車の左側を通行する。ただし、レールが道路の左端に設けられているときは、その右側を通行する

**問 11** ⭕ ❌ 二輪車は身体で安定を保って走るので、四輪車とは違った運転技術が要求される。

**問 12** ⭕ ❌ 原動機付自転車は、同乗者にヘルメットを着用させれば、二人乗りをして運転してもよい。

**問 13** ⭕ ❌ 原動機付自転車が右折するとき、図3のような進路のとり方は正しい。

図3

**問 14** ⭕ ❌ カーブを曲がるときは、ハンドルを十分に切ることが大切である。

**問 15** ⭕ ❌ 幅が同じような道路の交差点で信号機がないときは、先に交差点に入った車が優先して通行できる。

**問 16** ⭕ ❌ 二輪車の変形ハンドルは運転の妨げとなるのでよくないが、マフラーの改造は騒音が大きくなるだけで運転の妨げとはならないので、取りはずして運転してもよい。

**問 17** ⭕ ❌ 図4の標示のある通行帯を通行している原動機付自転車は、後方から路線バスなどが近づいてきたとき、この通行帯から出なければならない。

図4

バス優先 7-9

**問 18** ⭕ ❌ 軌道敷内は、標識で認められた車以外は通行してはならないが、右左折をするときは横断してもよい。

**問 19** ⭕ ❌ 歩行者の近くを通行するときは、必ず一時停止しなければならない。

**問 20** ⭕ ❌ 正面の信号が黄色の点滅を表示しているときは、必ず一時停止しなければならない。

**問 21** ⭕ ❌ 路線バスなどの専用通行帯は、原動機付自転車は通行できるが、大型自動二輪車や普通自動二輪車は原則として通行することができない。

問 11 ○
二輪車は、**四輪車とは違った運転技術が必要で**
す。

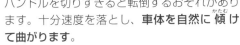

問 12 ✕
原動機付自転車の**乗車定員は運転者 1 名**だけ
で、二人乗りをしてはいけません。

問 13 ✕
右折するときは、**あらかじめ道路の中央に寄ら**
**なければなりません。**

問 14 ✕
ハンドルを切りすぎると転倒するおそれがあり
ます。十分速度を落とし、**車体を自然に 傾 け**
**て曲がります。**

 問 15 ✕
設問のような交差点では、**右方の車は左方から**
**来る車の進行を 妨 げてはいけません。**

問 16 ✕
マフラーを取りはずすと**有害なガスが発生する**
**など周囲に迷惑をかける**ので、そのような車は
運転してはいけません。

問 17 ✕
図4は**「路線バス等優先通行帯」**ですが、原動
機付自転車は、路線バスなどが近づいてきても、
この通行帯を出る必要はありません。

問 18 ○
右折や左折をするときは、**軌道敷内を横断する**
**ことができます。**

問 19 ✕
必ずしも一時停止する必要はありません。**安全**
**な間隔をあけるか徐行**します。

 問 20 ✕
一時停止の必要はなく、**他の交通に注意して進**
めます。

 問 21 ○
小型特殊以外の自動車は、**原則として専用通行**
**帯を通行できません。**

## 路線バスなどの優先

●路線バスなどが発進の合図を
したときは、急ブレーキや急
ハンドルで避けなければなら
ない場合を除き、バスの発進
を妨げてはいけない

●路線バスなどの専用通行帯
は、路線バスなどと小型特殊
以外の自動車は、右左折する
場合や工事などでやむを得な
い場合を除き、通行できない

●路線バス等優先通行帯は、路
線バスなど以外の車も通行で
きる。ただし、路線バスなど
が接近してきた場合、小型特
殊以外の自動車は、すみやか
に他の通行帯に移る

**問 22** ○ ✖

一方通行の道路を走行中、緊急自動車が接近してきたときは、状況によっては右側に寄って進路を譲る。

**問 23** ○ ✖

走行中の四輪車を後方から見た場合、図5の合図は右折や転回、右側への進路変更を表している。

図5

**問 24** ○ ✖

横断歩道で一時停止するとき、横断歩道の手前に白い停止線がある場合は、その線の直前で停止する。

**問 25** ○ ✖

原動機付自転車は、他の車をけん引することができない。

**問 26** ○ ✖

同一方向に2つの車両通行帯があり、通行区分を指定する標識などがなければ、普通自動車は右側、その他の車は左側の車両通行帯を通行しなければならない。

**問 27** ○ ✖

走行中、やむを得ず携帯電話を使用するときは、車を安全な場所に止めてからにする。

**問 28** ○ ✖

原付免許では、総排気量90ccまでの二輪車を運転することができる。

**問 29** ○ ✖

図6の標示のある交差点で右折するときは、矢印に従って通行しなければならない。

図6

**問 30** ○ ✖

転回するときに行う合図の場所は、転回しようとする地点から30メートル手前の地点である。

**問 31** ○ ✖

ぬかるみや砂利道では、二輪車は急ブレーキをかけたり、急に加速したり、大きなハンドル操作をしたりしないようにし、スロットルで速度を一定に保ち、バランスをとりながら通行するのがよい。

**問 32** ○ ✖

信号機が青色の灯火を表示している踏切を通過するときは、安全であることを確かめれば、一時停止する必要はない。

**問22** 左側に寄ると緊急自動車の 妨 げとなるときは、**右側に寄って進路を譲り**ます。

 **問23** 四輪車の運転者が右腕のひじを垂直に上へ曲げる合図は、**左折や左への進路変更**を表しています。

 **問24** **停止線があるときは、その直前で停止**しなければなりません。

 **問25** 原動機付自転車は、**リヤカーなどを1台けん引**することができます。

 **問26** 普通自動車も、追い越しなどの場合を除き、**左側の車両通行帯を通行**しなければなりません。

 **問27** 走行中の携帯電話の使用は危険です。**車を安全な場所に止めてから使用**します。

 **問28** 原付免許で運転できるのは、**総排気量50ccまで**の二輪車です。

 **問29** 図6は**右折方法**を表し、矢印に従って通行しなければなりません。

 **問30** 転回の合図は、**転回しようとする30メートル手前の地点**で、右側の方向指示器などによって行います。

 **問31** 滑りやすい路面では、**設問のように通行**します。

 **問32** 青信号の踏切では、**安全を確認して通過する**ことができます。

## 手による合図の方法

●左折、左に進路変更するとき
左側の方向指示器を出すか、右腕を車の外に出してひじを垂直に上に曲げるか、左腕を水平に伸ばす

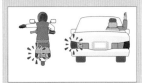

●右折・転回、右に進路変更するとき
右側の方向指示器を出すか、右腕を車の外に出して水平に伸ばすか、左腕のひじを垂直に上に曲げる

●徐行・停止するとき
ブレーキ灯をつけるか、腕を車の外に出して斜め下に伸ばす

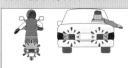

●後退するとき
後退灯をつけるか、腕を車の外に出して斜め下に伸ばし、手のひらを後ろに向けて腕を前後に動かす

**問 33**

⭕ ❌ 夜間は、交通量が少なくなるので、速度を上げて運転しても危険ではない。

**問 34**

⭕ ❌ 図7の標識は、路面電車の停留所があることを表している。

図7
停

**問 35**

⭕ ❌ 運転中、同一方向に進行しながら進路を右方に変えるときの合図を行う時期は、その行為をしようとする地点から30メートル手前の地点に達したときである。

**問 36**

⭕ ❌ 交通が混雑しているとき、原動機付自転車はジグザグ運転をしてもよい。

**問 37**

⭕ ❌ ブレーキは制動灯と連動しており、これを断続的にかけると後続車が迷惑するので、避けるべきである。

**問 38**

⭕ ❌ 薬は身体の状態をよくするものであるから、どんな薬を服用しても車の運転に支障はない。

**問 39**

⭕ ❌ 交通整理の行われていない図8のような道幅が同じ交差点では、車は路面電車の進行を妨げてはならない。

図8

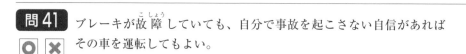

**問 40**

⭕ ❌ 昼間でも、濃い霧で50メートル先が見えないときは、ライトをつけなければならない。

**問 41**

⭕ ❌ ブレーキが故障していても、自分で事故を起こさない自信があればその車を運転してもよい。

**問 42**

⭕ ❌ 原動機付自転車を運転するときは、必ず強制保険に加入しなければならない。

**問 43**

⭕ ❌ 時速30キロメートルで走行していた車が20キロメートル毎時に減速すれば、徐行したことになる。

問 33 夜間は周囲が暗く見通しが悪いので、**昼間より速度を落とさないと危険**です。

問 34 図7の標識は、**「停車可」**を表しています。

問 35 進路変更の合図は、**進路を変えようとする約3秒前**に行います。

問 36 混雑していても、**ジグザク運転は危険**なのでしてはいけません。

問 37 ブレーキを数回に分けてかけると制動灯が点滅し、**追突(ついとつ)防止に役立ちます**。

問 38 **睡眠(すいみん)作用のある薬を服用したとき**は、車の運転を控(ひか)えます。

問 39 交通整理の行われていない道幅が同じ交差点では、**車は路面電車の進行を妨げてはいけません**。

問 40 50メートル先が見えないときは、**昼間でもライト**をつけなければなりません。

問 41 ブレーキが故障した車は**整備不良車**になり、運転してはいけません。

問 42 原動機付自転車は、**強制保険（自賠責(じばいせき)保険または責任共済）に加入**しなければなりません。

問 43 徐行とは、**すぐに停止できるような速度で進行**することをいい、速度では**時速10キロメートル以下**です。

## 合図を行う時期

**●左折するとき**

左折しようとする地点（交差点の場合は交差点）から30メートル手前の地点

**●左に進路変更するとき**

進路を変えようとする約3秒前

**●右折・転回するとき**

右折や転回しようとする地点（交差点の場合は交差点）から30メートル手前の地点

**●右に進路変更するとき**

進路を変えようとする約3秒前

**●徐行・停止するとき**

徐行、停止しようとするとき

**●四輪車が後退するとき**

後退しようとするとき

## 合図についての注意点

●右左折や進路変更が終わったら、すみやかに合図をやめる。また、必要のない合図は他の交通の迷惑になるので、してはいけない

原付模擬テスト

第5回

**問 44** 図9のような場合、A車が先に交差点に入っていても、B車の進行を妨げてはならない。

◎ ✕

**問 45** 交通事故が起きて負傷者がいるときは、救急車を待たずに、ただちに救護して病院に運ばなければならない。

◎ ✕

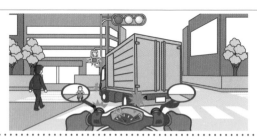

図9

**問 46** 原付免許を受けて1年を経過した人は、原動機付自転車で二人乗りをすることができる。

◎ ✕

**問 47**

時速10キロメートルで進行しています。交差点を左折するときは、どのようなことに注意して運転しますか？

◎ ✕ (1) 前車は横断歩道の手前で止まるかもしれないので、その動きを見て進行する。

◎ ✕ (2) 自転車がミラーに映っているが、他の自転車がミラーの死角にいるかもしれないので、左側を直接目で確かめて左折する。

◎ ✕ (3) 後続の自転車が自分の車の左側を進行してくると巻き込むおそれがあるので、その動きに十分注意して左折する。

**問 48**

時速20キロメートルで進行しています。黄色の点滅信号の交差点を直進するときは、どのようなことに注意して運転しますか？

◎ ✕ (1) 交差する道路の両側から車が入ってくるかもしれないので、交差点に入るときは左右の安全を確かめて進行する。

◎ ✕ (2) トラックのかげから対向車が右折してくるかもしれないので、左に寄り、加速してすばやく交差点を通過する。

◎ ✕ (3) 交差する道路の左側の二輪車は、交差点の手前で一時停止するはずなので、このままの速度で進行する。

**問 44** ○ 右折するＡ車は、**直進するＢ車の進行を妨げて はいけません**。

**問 45** ✗ 状況によっては、**負傷者を動かさないで救急車** を待ちます。

**問 46** ✗ 原動機付自転車の**二人乗りは禁止**されていま す。免許を受けて１年を経過してもしてはいけ ません。

原付模擬テスト

第5回

**問 47** 解説  **ここに 注目！** 大型トラックの側方は運転者からの**死角**となり、たいへ ん危険です。**内輪差**を十分考えて進行しましょう。

このまま進行すると、トラックに巻き込まれるおそれがあります。側方を通行せず、 トラックの左折を待ってから進行するのが安全です。

(1) ○ 前車は**横断歩道の手前で止まるおそれ**があるので、動きをよく見ます。

(2) ○ 他の自転車がいないか、**目視で確認**します。

(3) ○ **左側の交通を確認**してから左折します。

**問 48** 解説 **ここに 注目！** 黄色の**点滅信号**の意味を正しく理解し、交差道路や対向 車線の車などの動向に十分注意しましょう。

黄色の点滅信号の意味は「他の交通に注意して進行できる」。左右の交差道路や前 方の車の死角などに、とくに注意が必要です。

(1) ○ **左右の安全を確かめて**、交差点を進行します。

(2) ✗ **右折車が出てきて衝突するおそれ**があります。

(3) ✗ 二輪車は**一時停止するとは限りません**。

# 原付模擬テスト

次の問題について、正しいものには「○」、誤っているものには「×」をつけなさい（問題番号下の ◎ ✕ はチェック欄）。
【チェック欄の利用法】✅✕ 〰️✕ ◎✕

**問1**
◎ ✕
運転者が疲れているときは、危険を認知して判断するまでに時間がかかるので、空走距離は長くなる。

**問2**
◎ ✕
歩行者用道路は、通行を許可された車だけが、歩行者に注意しながら徐行して通行することができる。

**問3**
◎ ✕
図1の標識のある道路を、日曜日に原動機付自転車で通行した。

図1

日曜・休日を除く

**問4**
◎ ✕
通園バスが停止して園児が乗り降りしているとき、後方の車は通園バスの後方で停止して待たなければならない。

**問5**
◎ ✕
後続車に急ブレーキを踏ませたり、急ハンドルを切らせたりするようなときは、進路を変えてはならない。

**問6**
◎ ✕
整備が不十分な車であっても、事故を起こさなければ、注意して運転してもかまわない。

**問7**
◎ ✕
発進するときは合図をし、前方だけでなく、後方からの車にも十分注意する必要がある。

**問8**
◎ ✕
交差点付近を原動機付自転車で進行中、後方から緊急自動車が接近してきたので、交差点を避け、道路の左側に寄って一時停止した。

**問9**
◎ ✕
図2の路側帯がある場合、原動機付自転車は路側帯に入って駐停車することができる。

図2

路側帯　車道

**問10**
◎ ✕
原動機付自転車に積載することができる荷物の長さは、積載装置の長さを超えてはならない。

| 制限時間 | 配 点 | | 合格点 |
|---|---|---|---|
| **30**分 | 問1〜問46<br>➡1問1点 | 問47・48<br>➡1問2点（3つすべて正解した場合のみ） | **45**点以上 |

| 正解 | ポイント解説 |
|---|---|

運転者が疲れているときは、**空走距離が長くな**ります。

歩行者用道路は、**とくに通行を認められた車だ**けが、**徐行して通行**できます。

図1は、**日曜日と休日を除き車両通行止め**を表すので、通行できます。

停止して待つ必要はなく、**安全を確かめて徐行**して進めます。

設問のようなときは、**危険なので進路変更して**はいけません。

**整備不良車は運転してはいけません**。整備してから運転しましょう。

前方だけでなく、**後方からの車にも十分注意し**て発進します。

交差点付近では、**交差点を避け、左側に寄って**<ruby>一時停止<rt>ゆず</rt></ruby>して進路を譲ります。

図2は「**歩行者用路側帯**」です。幅が0.75メートルを超える場合でも、中に入って駐停車してはいけません。

積載できる荷物の長さは、**積載装置の後方から**0.3メートルまではみ出せます。

---

### ルール解説

## 緊急自動車への進路の譲り方

●交差点またはその付近で緊急自動車が近づいてきたとき

交差点を避けて道路の左側に寄り、一時停止して進路を譲る

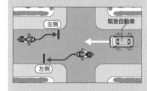

一方通行の道路で、左側に寄るとかえって緊急自動車の妨げになる場合は、交差点を避けて道路の右側に寄り、一時停止して進路を譲る

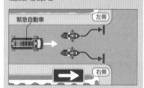

●交差点付近以外のところで緊急自動車が近づいてきたとき

道路の左側に寄って進路を譲る

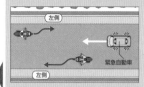

一方通行の道路で、左側に寄るとかえって緊急自動車の妨げになる場合は、右側に寄って進路を譲る

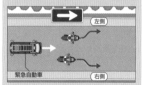

**問 11** ⚪ ✖ 原付免許を家に置き忘れて原動機付自転車を運転すると、無免許運転になる。

**問 12** ⚪ ✖ 自転車横断帯とその手前5メートル以内の場所は、駐車と停車がともに禁止されているが、追い越しと追い抜きは禁止されていない。

**問 13** ⚪ ✖ 踏切で安全を確かめるためには、目だけでなく耳も使って安全を確認するようにする。

**問 14** ⚪ ✖ 図3の標示は、前方に交差点があることを表している。

図3

**問 15** ⚪ ✖ 進路の前方に障害物があったので、あらかじめ一時停止して、反対方向からの車に道を譲った。

**問 16** ⚪ ✖ 歩行者や自転車のそばを通るときは、どんな場合も徐行しなければならない。

**問 17** ⚪ ✖ 二輪車を選ぶときは、またがったときに両足のつま先が地面に届き、自由に押して歩くことができるものにする。

**問 18** ⚪ ✖ 薄暮時には事故が多く発生するので、安全のため、早めにライトを点灯した。

**問 19** ⚪ ✖ 交差点で警察官が図4のような手信号をしているとき、矢印の方向は信号機の青色の灯火信号と同じである。

図4

**問 20** ⚪ ✖ 走行中、タイヤがパンクしたときは、ハンドルを軽く握り、急ブレーキをかけて停止する。

**問 21** ⚪ ✖ 道路の曲がり角付近では、見通しがきかないときだけ徐行すればよい。

**問 11** 設問の場合は無免許運転ではなく、**免許証不携帯**になります。

 **問 12** 設問の場所では、**追い越し・追い抜きともに禁止**されています。

**問 13** 警報機の音などを耳で聞いて、踏切内の安全を確認します。

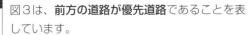 **問 14** 図3は、**前方の道路が優先道路**であることを表しています。

**問 15** **障害物のある側の車があらかじめ停止するなど**して、対向車に道を譲ります。

 **問 16** 歩行者や自転車と**安全な間隔をあける**ことができれば、徐行の必要はありません。

 **問 17** 二輪車は、**両足のつま先が地面に届き、自由に押して歩けるもの**を選びます。

**問 18** 薄暮時は視認性をよくするため、**早めにライトを点灯**します。

**問 19** 身体の正面に平行する交通は、**青色の灯火信号と同じ意味**です。

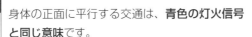 **問 20** パンクしたときは、**ハンドルをしっかり握り、徐々に速度を落として停止**します。

 **問 21** 曲がり角付近では、見通しに関係なく、**必ず徐行**しなければなりません。

### 徐行場所

●「徐行」の標識（下記）があるところ

●左右の見通しがきかない交差点（信号機がある場合や、優先道路を通行している場合を除く）

●道路の曲がり角付近

●上り坂の頂上付近、こう配の急な下り坂

**問 22** ⭕ ❌ 優先道路以外の道路を走行中、交差点の直前で前車が徐行(じょこう)したので、その車を追い越した。

**問 23** ⭕ ❌ 「黄色の灯火の矢印」が表示されているときは、前方の信号機の表示が「黄色の灯火」や「赤色の灯火」であっても、車は矢印の方向へ進行することができる。

**問 24** ⭕ ❌ 図5の標示のあるところは、どんな場合であっても中に入ってはならない。

図5

黄

**問 25** ⭕ ❌ 故障(こしょう)した車を継続(けいぞく)的に停止しても、やむを得ないので駐車にはならない。

**問 26** ⭕ ❌ 危険を避(さ)けるためにやむを得ず急ブレーキをかけるときを除き、ブレーキは数回に分けてかけるようにする。

**問 27** ⭕ ❌ トンネル内での追い越しは、例外なく禁止されている。

**問 28** ⭕ ❌ 工事現場の鉄板やマンホールのふたなどの上は、雨に濡(ぬ)れると滑(すべ)りやすくなるので、とくに注意して運転する。

**問 29** ⭕ ❌ 踏切を通過しようとする場合、踏切警手(けいしゅ)が「進め」の合図をしているときは、一時停止や安全確認をしなくてもよい。

**問 30** ⭕ ❌ 図6の標識のある道路では、原動機付自転車は左端の通行帯を通行してはならない。

図6

**問 31** ⭕ ❌ 原動機付自転車でトンネルの中や濃い霧の日に走行するときは、右の方向指示器を点滅させるのがよい。

**問 32** ⭕ ❌ カーブを曲がるとき、車は外側に飛び出そうとする性質があるので、カーブに入る前に早めにブレーキをかけて、速度を落としておくことが大切である。

**問 22** 交差点とその手前から 30 メートル以内では、優先道路を通行しているときを除き、**追い越しが禁止**されています。

 **問 23** 黄色の灯火の矢印信号は**路面電車に対する信号**です。車は進んではいけません。

 **問 24** 図5は「**立入り禁止部分**」を表し、例外なく標示内に入ってはいけません。

 **問 25** 故障車であっても、**継続的な停止は駐車に該当（がいとう）**します。

 **問 26** ブレーキを数回に分けると、安全なだけでなく、**追突防止（ついとつ）**にもなります。

 **問 27** **車両通行帯のあるトンネル**での追い越しは、禁止されていません。

 **問 28** 鉄板やマンホールの上は、**滑らないように注意**して運転します。

 **問 29** 踏切警手が「進め」の合図をしていていても、**一時停止と安全確認**はしなければなりません。

 **問 30** 図6の標識は、**大型貨物自動車等（大貨等）の通行する区分**を表しますが、原動機付自転車も通行できます。

 **問 31** 不必要な合図をして走行すると**他の交通の迷惑（めいわく）になる**ので、してはいけません。

 **問 32** カーブでは外側に**遠心力（えんしんりょく）**が働くため、**カーブの手前で十分速度を落とします**。

**ルール解説**

### 標識や標示で車の通行が禁止されているところ

●通行止め

●車両通行止め

●歩行者等専用

●立入り禁止部分

黄

●安全地帯

黄　軌道

原付模擬テスト

第6回

**問 33** 安全地帯の左側部分と前後の端から 10 メートル以内の部分は、駐車も停車も禁止されている。

**◯ ✕**

**問 34** 原動機付自転車を押して歩いているときは、どんな場合も歩行者と見なされる。

**◯ ✕**

**問 35** 車の右側の道路上に 3.5 メートル以上の余地がとれないところであっても、原動機付自転車であれば駐車してもかまわない。

**◯ ✕**

**問 36** 図 7 の標識は、前方に障害物があることを表している。

**◯ ✕**

図 7

**問 37** 停留所に停止している路線バスが方向指示器で発進の合図をしていたが、そのまま進行した。

**◯ ✕**

**問 38** 前方の車の状況により横断歩道上で停止するおそれがあるときは、その手前で停止しなければならない。

**◯ ✕**

**問 39** 上り坂の頂上付近でも、前車を追い越そうとして進路を右方に変えるだけであればしてもよい。

**◯ ✕**

**問 40** 夜間はライトの光の範囲しか見えないので、車の直前を見て走るほうが安全である。

**◯ ✕**

**問 41** 図 8 の 2 つの標識は、直面した車に対して同じ意味を表している。

**◯ ✕**

図 8

**問 42** 速度が 2 倍になると、制動距離も 2 倍になる。

**◯ ✕**

**問 43** 前車の運転者が、右腕を車外に水平に伸ばした場合は、後続車に対して「止まれ」の意味を表している。

**◯ ✕**

**問 33** 安全地帯の左側と前後 10 メートル以内の場所は、**駐停車が禁止**されています。

 **問 34** **エンジンを止めて**いないと、歩行者とは見なされません。

 **問 35** 原動機付自転車でも、右側の道路上に 3.5 メートル以上の余地がとれないところでは、**原則として駐車してはいけません**。

 **問 36** 図7は**「安全地帯」**を表す標識です。

 **問 37** 路線バスが発進の合図をしているときは、**原則としてその発進を 妨 げてはいけません**。

 **問 38** **横断歩道を避けて、停止**しなければなりません。

 **問 39** 上り坂の頂上付近では、**追い越しのために進路を変えることも禁止**されています。

 **問 40** 夜間は、**視線はできるだけ先のほうへ向け**、障害物を早く発見するよう努めます。

 **問 41** 上が**「車両通行止め」**、下が**「車両進入禁止」**で、どちらも車はこちらからは通行できません。

 **問 42** **速度の二乗に比例**するので、**速度が2倍になると制動距離は4倍**になります。

 **問 43** 設問の合図は、**前車が右折か転回、または右に進路を変える**ことを表します。

## 無余地駐車の禁止と例外

- 車 の 右側 の 道路上 に 3.5 メートル以上の余地がない場所には、原則として駐車してはいけない

3.5m 未満

- 標識により余地が指定されているとき、その余地がとれない場所には、原則として駐車してはいけない

駐車余地 6m

6m 未満

- 荷物の積みおろしを行う場合で、運転者がすぐに運転できるときと、傷病者の救護のためやむを得ないときは、余地がなくても駐車することができる

**問 44** ☐○ ☐✕ 車両通行帯のない道路では、車は必ずしも道路の左側に寄って通行しなくてもよい。

**問 45** ☐○ ☐✕ 交通が混雑していて方向指示器が見えないような状況のときは、手による合図もあわせて行うようにする。

**問 46** ☐○ ☐✕ 小型特殊免許を受けていても、原動機付自転車を運転することはできない。

**問 47**

時速 30 キロメートルで進行しています。どのようなことに注意して運転しますか？

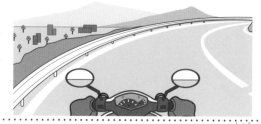

☐○ ☐✕ (1) この先ではカーブが急になって曲がりきれず、ガードレールに衝突するおそれがあるので、速度を落として進行する。

☐○ ☐✕ (2) 対向車が来る様子がないので、このままの速度でカーブに入り、カーブの後半で一気に加速して進行する。

☐○ ☐✕ (3) 対向車が中央線を越えて進行してくるかもしれないので、速度を落として、車線の左側に寄って進行する。

**問 48**

前車に続いて止まりました。踏切を通過するときは、どのようなことに注意して運転しますか？

☐○ ☐✕ (1) 前方の様子がわからず、踏切内で停止するおそれがあるので、踏切の先に自分の車が止まれる余地のあることを確認してから踏切に入る。

☐○ ☐✕ (2) 自車が踏切を通過するとき、対向車のトラックが歩行者を避けるため右側に出てくるかもしれないので、できるだけ左側に寄って通過する。

☐○ ☐✕ (3) 対向車が来ているが、左側に寄りすぎないよう注意して通過する。

**問44**

車両通行帯のない道路でも、**道路の左側に寄って通行**しなければなりません。

**問45**

他の交通にわかるように、**方向指示器とあわせて手による合図**も行います。

**問46**

小型特殊免許では、**小型特殊自動車しか運転できません。**

**問47**

**ここに注目!**

**解説**

カーブでは外側に遠心力（えんしんりょく）が働きます。速度を落とさずにカーブに入ると、曲がりきれないおそれもあります。

カーブを通行するときは、あらかじめ速度を十分落としておくことが大切です。対向車が中央線をはみ出してくることも考えておきます。

(1)
カーブを**曲がりきれないおそれ**があるので、速度を落とします。

(2)
速度を落とさないと、カーブを**曲がりきれないおそれ**があります。

(3)
衝突を防止するため、**車線の左側に寄って進行**します。

**問48**

**ここに注目!**

**解説**

前方のバスが視界を大きく遮（さえぎ）っています。対向車や歩行者にも注意が必要です。

踏切の先が渋滞（じゅうたい）していて、踏切内で停止してしまうおそれがあります。自車の進入スペースを確認してから発進することが大切です。

(1)
踏切の先に**入れる余地があるか確認**してから進行します。

(2)
左側に寄りすぎると、**落輪**（らくりん）**するおそれ**があります。

(3)
対向車に注意して、**左側に寄りすぎないように通過**します。

# 原付模擬テスト

次の問題について、正しいものには「○」、誤っているものには「×」をつけなさい（問題番号下の 🔘 ❌ はチェック欄）。
【チェック欄の利用法】

---

**問1** 🔘 ❌ 二輪車のブレーキをかけるときは、ハンドルを切らない状態で車体が傾いていないときに、前後輪のブレーキを同時に操作する。

---

**問2** 🔘 ❌ 転回する場合は、転回しようとする地点から30メートル手前に達したときに、右折のときと同じ合図をする。

---

**問3** 🔘 ❌ 図1の標識のある交差点では、直進と左折はできるが、右折することはできない。

図1

---

**問4** 🔘 ❌ 運転中に眠気や疲れを感じたときは、できるだけ早く目的地に到着するように、休息しないで走行するのがよい。

---

**問5** 🔘 ❌ 踏切では、歩行者や対向車に注意しながら、落輪しないようにやや中央寄りを注意して通行する。

---

**問6** 🔘 ❌ 上り坂の頂上付近では、徐行の標識がなくても、つねに徐行しなければならない。

---

**問7** 🔘 ❌ 優先道路を通行しているとき、交差点の手前30メートル以内の部分であったが、安全に前車を追い越せる状況だったので追い越しをした。

---

**問8** 🔘 ❌ 図2の標識のあるところでは、左折を伴う道路の横断はできるが、右折を伴う道路の横断をすることはできない。

図2

---

**問9** 🔘 ❌ 一方通行の道路では、車道の右側に寄せて駐車することができる。

---

**問10** 🔘 ❌ 交通整理の行われていない交差点で、交差する道路が優先道路だったので、徐行しながら注意して通行した。

---

| 正解 | ポイント解説 |
|---|---|

 **問1**
二輪車のブレーキは、**前後輪のブレーキを同時に操作**するのが基本です。

 **問2**
転回するときは、**右折するときと同じ時期・方法で合図**をします。

 **問3**
図1は「**指定方向外進行禁止（右折禁止)**」の標識です。

 **問4**
眠気や疲れを感じたら**すみやかに休息**をとり、回復してから運転します。

 **問5**
左側に寄りすぎると落輪する危険があるので、**踏切のやや中央寄りを通行**します。

 **問6**
上り坂の頂上付近は、**徐行しなければならない場所**です。

 **問7**
交差点の手前30メートル以内でも、**優先道路を通行しているときは、追い越しをすることができます**。

 **問8**
図2は「**車両横断禁止**」の標識です。左折を伴う横断はできますが、右折を伴う横断はできません。

 **問9**
標識で認められている以外は、**車道の右側に寄せて駐車してはいけません**。

 **問10**
交差する道路が優先道路のときは、**徐行**をして交差道路の交通を 妨げないようにします。

## ルール解説

### 横断・転回の禁止

● 歩行者の通行、他の車などの正常な通行を妨げるおそれがあるときは、横断・転回をしてはいけない

●「車両横断禁止」の標識（下記）がある場所では、道路の右側に面した施設などに入るための右折を伴う横断をしてはいけない

●「転回禁止」の標識・標示（下記）がある場所では、転回してはいけない

黄

**問11**
軌道敷内は原則として通行することが認められていないが、右折するときなどは通行することができる。

**問12**
歩行者用道路とは、歩行者の安全な通行のため、標識によって車の通行が禁止されている道路をいい、どんな場合も車は通行できない。

**問13**
追い越しとは、車が進路を変えて進行中の前車の前方に出ることであり、進路を変えないで進行中の前車の前方に出るのは追い抜きである。

**問14**
踏切とその手前30メートル以内のところでは、前車を追い越すために進路を変えたり、その横を通り過ぎたりしてはいけない。

**問15**
原動機付自転車の二段階右折が指定されている交差点で、青信号が表示されているときは、他の車の進行を妨げなければ、交差点の中心の直近のすぐ内側を通って右折することができる。

**問16**
図3の標識のあるところでは、この標識の手前で必ず停止し、安全を確認しなければならない。

図3

停止線

**問17**
交差点内を通行しているとき、緊急自動車が近づいてきたので、ただちに交差点の中で停止した。

**問18**
同一方向に2つの車両通行帯がある道路では、高速車は中央寄りの通行帯を、低速車は右寄りの通行帯を通行する。

**問19**
交通整理の行われていない道幅が同じくらいの交差点に、左右から同時に車が接近してきたときは、左方車は右方車よりも優先する。

**問20**
急用があったのでスピードを上げ、車の間をぬって走行した。

**問21**
交差点で赤色の灯火が点滅していたので、他の交通に注意して徐行しながら進行した。

問 11
右折や工事などでやむを得ないときは、**軌道敷内を通行できます**。

 問 12
**許可を受けた車**は、歩行者用道路を通行することができます。

 問 13
追い越すときに**進路を変えるのが「追い越し」**、**進路を変えないのが「追い抜き」**になります。

 問 14
踏切とその手前 30 メートル以内は、**追い越しが禁止**されています。

 問 15
二段階右折が指定されている交差点では、原動機付自転車は**二段階の方法で右折**しなければなりません。

 問 16
図3は**「停止線」**の標識で、車が停止する場合の停止位置を表しています。

 問 17
交差点から出て、**道路の左側に寄って一時停止**しなければなりません。

 問 18
車の速度に関係なく、右側の通行帯は追い越しなどのためにあけておき、**左側の通行帯を通行**します。

 問 19
設問のような交差点では、**右方の車は左方から進行してくる車の進行を妨げてはいけません**。

 問 20
急いでいても、車の間をぬって**ジグザグ運転してはいけません**。

問 21
赤色の点滅信号では、**一時停止して安全を確認**したあとに進行しなければなりません。

## ルール解説

### 追い越しと追い抜きの違い

●追い越しは、自車が進路を変えて、進行中の前車の前方に出ること

●追い抜きは、自車が進路を変えずに、進行中の前車の前方に出ること

### 追い越し禁止に関する2つの標識

●下記の標識は、道路の右側部分にはみ出す、はみ出さないにかかわらず、追い越しが禁止されている

●下記の標識は、道路の右側部分にはみ出す追い越しが禁止されている

原付模擬テスト

第7回

143

**問 22** ⭕ ❌ 二輪車は車幅が狭く機動性も高いので、前車が自動車を追い越そうとしている場合でも、その車を追い越してもよい。

**問 23** ⭕ ❌ 図4の標示のある路側帯の中には、駐車や停車をしてはならない。

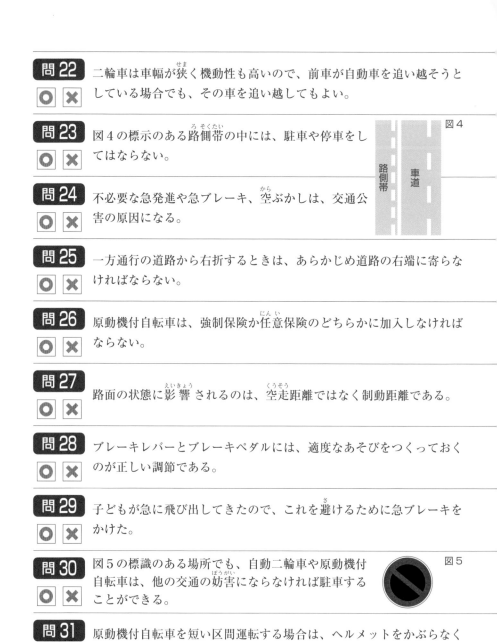

図4

路側帯　車道

**問 24** ⭕ ❌ 不必要な急発進や急ブレーキ、空ぶかしは、交通公害の原因になる。

**問 25** ⭕ ❌ 一方通行の道路から右折するときは、あらかじめ道路の右端に寄らなければならない。

**問 26** ⭕ ❌ 原動機付自転車は、強制保険か任意保険のどちらかに加入しなければならない。

**問 27** ⭕ ❌ 路面の状態に影響されるのは、空走距離ではなく制動距離である。

**問 28** ⭕ ❌ ブレーキレバーとブレーキペダルには、適度なあそびをつくっておくのが正しい調節である。

**問 29** ⭕ ❌ 子どもが急に飛び出してきたので、これを避けるために急ブレーキをかけた。

**問 30** ⭕ ❌ 図5の標識のある場所でも、自動二輪車や原動機付自転車は、他の交通の妨害にならなければ駐車することができる。

図5

**問 31** ⭕ ❌ 原動機付自転車を短い区間運転する場合は、ヘルメットをかぶらなくてもかまわない。

**問 32** ⭕ ❌ 夜間、他の自動車の直後を進行するときは、前車の動きがよくわかるように前照灯を上向きにする。

**問 22**  設問のような**二重追い越しは禁止**されています。

 **問 23**  図4は**「駐停車禁止路側帯」**なので、駐車も停車もできません。

 **問 24**  不必要な急発進や急ブレーキ、空ぶかしは、**騒音（そう）や環境汚染（おせん）などの交通公害**になります。

 **問 25**  一方通行の道路では、**あらかじめ道路の右端**に寄り、交差点の内側を徐行（じょこう）します。

 **問 26**  **強制保険には必ず加入**しなければなりません。

 **問 27**  路面が雨で濡（ぬ）れていると、空走距離には影響はありませんが、**制動距離は長くなります**。

 **問 28**  ブレーキには、**適度なあそびが必要**です。

 **問 29**  **危険防止のためであれば、急ブレーキ**をかけてこれを回避（かいひ）します。

 **問 30**  **「駐車禁止」**の標識のある場所では、自動二輪車や原動機付自転車も駐車してはいけません。

 **問 31**  短い区間でも、**必ず乗車用ヘルメット**をかぶらなければなりません。

 **問 32**  **前車の運転の妨げになる**ので、前照灯を下向きに切り替えて運転します。

## ルール解説

### 駐車禁止場所

① 「駐車禁止」の標識や標示（下記）のある場所

黄

② 火災報知機から1メートル以内の場所

③ 駐車場、車庫などの自動車用の出入口から3メートル以内の場所

④ 道路工事の区域の端から5メートル以内の場所

⑤ 消防用機械器具の置場、消防用防火水槽、これらの道路に接する出入口から5メートル以内の場所

⑥ 消火栓、指定消防水利の標識（下記）が設けられている位置や、消防用防火水槽の取入口から5メートル以内の場所

**問 33** 道路工事などで左側部分が通行できないときは、道路の右側部分にはみ出して通行することができる。

⭕ ❌

**問 34** 踏切を通過するときは、ローギアで発進し、急いで渡るために踏切内で変速チェンジをして加速する。

⭕ ❌

**問 35** 雨の降り始めはとくに路面が滑りやすくなっているので、急ブレーキをかけることは危険である。

⭕ ❌

**問 36** 車両通行帯のない道路では、追い越しなどでやむを得ない場合のときのほかは、道路の左側に寄って通行しなければならない。

⭕ ❌

**問 37** 図6の標識は、追越し禁止の始まりを表している。

⭕ ❌

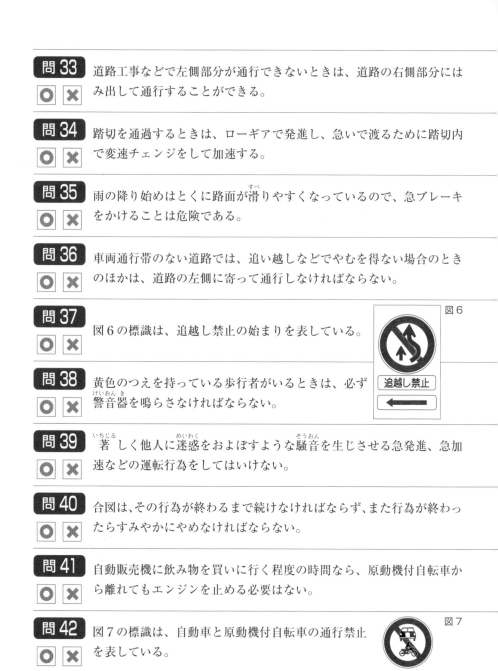

図6

追越し禁止

**問 38** 黄色のつえを持っている歩行者がいるときは、必ず警音器を鳴らさなければならない。

⭕ ❌

**問 39** 著しく他人に迷惑をおよぼすような騒音を生じさせる急発進、急加速などの運転行為をしてはいけない。

⭕ ❌

**問 40** 合図は、その行為が終わるまで続けなければならず、また行為が終わったらすみやかにやめなければならない。

⭕ ❌

**問 41** 自動販売機に飲み物を買いに行く程度の時間なら、原動機付自転車から離れてもエンジンを止める必要はない。

⭕ ❌

**問 42** 図7の標識は、自動車と原動機付自転車の通行禁止を表している。

⭕ ❌

図7

**問 43** 道路外の施設に入るため左折しようとするときは、あらかじめ道路の左側に寄って徐行しなければならない。

⭕ ❌

問 33

設問のようなやむを得ないときは、**道路の右側部分を通行できます。**

問 34

エンスト防止のため、発進したときの低速ギアのまま、**変速チェンジをしないで通過**します。

問 35

**雨の降り始めはとくに滑りやすく危険**なので、注意が必要です。

問 36

車両通行帯のない道路では、**左側に寄って通行**します。

問 37

図6の標識は「**追越し禁止の終わり**」を表しています。

問 38

警音器は鳴らさずに、**一時停止か徐行**をして、つえを持っている人を保護します。

問 39

設問のような**迷惑をかける行為は、してはいけません。**

問 40

合図はその行為が終わるまで続け、終わったら**すみやかにやめます。**

問 41

たとえ短時間でも車から離れるときは、**エンジンを止めなければなりません。**

問 42

図7の標識がある場所は、**自動車と原動機付自転車の通行が禁止**されています。

問 43

左折するときは、**道路の左側に寄って徐行**しなければなりません。

---

ルール解説

## 車両の種類を限定した通行止めの標識

●二輪の自動車以外の自動車通行止め

大型・普通自動二輪車以外の自動車は通行できない。

●大型貨物自動車等通行止め

大型貨物自動車、特定中型貨物自動車、大型特殊自動車は通行できない。

●大型乗用自動車等通行止め

大型・中型乗用自動車は通行できない。

●二輪の自動車・一般原動機付自転車通行止め

大型・普通自動二輪車、原動機付自転車は通行できない。

原付模擬テスト

第7回

**問 44** 前車が交差点や踏切などで停止や徐行をしているとき、その前に割り込むようなことをしてはいけない。

◯ ✕

**問 45** 軽い交通事故を起こしたが、急用があったので、被害者に名前と住所を告げて、用事を済ませるために運転を続けた。

◯ ✕

**問 46** 運転者は、荷物が転落しないように、ロープなどを使って確実に積載しなければならない義務がある。

◯ ✕

**問 47**

時速30キロメートルで進行しています。どのようなことに注意して運転しますか?

◯ ✕ (1) トラックの後ろの人は自分の車を待ってくれるので、加速して進行する。

◯ ✕ (2) 左側のへいの間から荷物を取りに出てくる人がいるかもしれないので、いつでも止まれるような速度でトラックの側方を通過する。

◯ ✕ (3) 警音器を鳴らせば、速度を落とさなくても安全に通過することができる。

**問 48**

時速10キロメートルで進行しています。交差点を右折するときは、どのようなことに注意して運転しますか?

◯ ✕ (1) トラックが減速して前照灯を点滅させたので、急いで交差点を右折する。

◯ ✕ (2) 対向車線を直進してくる二輪車が通過してから、急いで交差点を右折する。

◯ ✕ (3) トラックのかげから進行してくる二輪車と、横断中の歩行者の動きに注意して右折する。

設問のような**割り込みをしてはいけません**。

交通事故を起こした場合は、**その場にいて警察官への報告**などをしなければなりません。

荷物が飛散(ひ さん)しないようにするのも、運転者の義務です。

## ルール解説

### 割り込み、横切りの禁止

●前の車が交差点、踏切などで停止や徐行をしているときは、その車の前に割り込んだり、横切ったりしてはいけない

> 割り込み、横切り、幅寄せをしてはいけない

---

**問 47**

**ここに注目!**

解説

トラックの運転手が荷物を配達しています。自車の存在に<u>気づいていない</u>可能性があります。

> トラックの運転手は配達作業に気をとられ、自車の存在に気づいていないおそれがあります。速度を落とし、周囲の様子をよく確かめましょう。

(1)

自車の接近に**気づいていないおそれ**があります。

(2)

**人が出てくることを予測**して、速度を落とします。

(3)

**警音器は鳴らさずに**、速度を落として進行します。

---

**問 48**

解説

トラックが<u>ライトを点滅</u>していますが、安易(あん い)に右折すると思わぬ事故のおそれがあります。

> パッシングには進路を譲(ゆず)る意味がありますが、あわてて右折してはいけません。二輪車や歩行者などにも注意が必要です。

(1)

急いで右折すると、**二輪車と衝突(しょうとつ)するおそれ**があります。

(2)

×

急いで右折すると、**横断中の歩行者と接触(せっしょく)するおそれ**があります。

(3)

○

**二輪車や歩行者の動きに注意して右折する**ことが大切です。

# 原付模擬テスト

次の問題について、正しいものには「○」、誤っているものには「×」をつけなさい（問題番号下の ◎ × はチェック欄）。
【チェック欄の利用法】☑ × 🖊 × ◎ ×

---

**問1**
◎ ×
後ろの車に追い越されるとき、十分な余地がない場合は、できるだけ道路の左側に寄り、加速しないようにする。

---

**問2**
◎ ×
夜間、原動機付自転車を運転するときは、駐停車しているトラックなどに追突することがあるので、前方の障害物には十分注意する必要がある。

---

**問3**
◎ ×
図1の標示は、自転車専用道路を表している。

図1

---

**問4**
◎ ×
眠気を催す成分の入った薬を服用したので、速度を落として運転した。

---

**問5**
◎ ×
先に進む左前方の車が右折の合図をしたが、後続車があり急ブレーキをかけなければならないような状況だったので、そのまま進行した。

---

**問6**
◎ ×
違法駐車をして「放置車両確認標章」を取り付けられた車の使用者は、その車を運転するときにこの標章を取り除いてはならない。

---

**問7**
◎ ×
二輪車のハンドルを持つときは、肩に力を入れ、ひじをピンと張るようにして、グリップを強く握るようにする。

---

**問8**
◎ ×
図2の標識のあるところでは、標識の向こう側（背面）は駐停車が禁止されているが、手前側は禁止されていない。

図2

---

**問9**
◎ ×
交差点で前方の信号が赤色の点滅を表示しているときは、停止位置で一時停止しなければならない。

---

**問10**
◎ ×
横断歩道の手前30メートル以内の道路の部分は、追い越しは禁止されているが、追い抜きは禁止されていない。

---

| 正解 | ポイント解説 |
|---|---|

**問1** ◯
後ろの車に追い越されるときは、**速度を上げてはいけません。**

**問2** ◯
夜間は周囲が暗いので、見落とさないように**視線を先のほうに向けて、十分注意**します。

**問3** ✕
図1の標示は**「自転車横断帯」**で、自転車が道路を横断する場所を表しています。

**問4** ✕
すいみん
睡眠作用のある薬を服用したときは、**車の運転**
ひか
**を控える**ようにします。

**問5** ◯
設問のような状況では、**そのまま進行することができます。**

**問6** ✕
交通事故防止のため、**放置車両確認標章を取り除いて運転**することができます。

**問7** ✕
二輪車のハンドルは、**肩の力を抜き、ひじをやや曲げ、グリップを軽く握り**ます。

**問8** ◯
図2は**「駐停車禁止の始まり」**を表しています。手前側での駐停車は禁止されていません。

**問9** ◯
赤色の点滅信号では、**一時停止**して、安全を確かめてから進行します。

**問10** ✕
設問の場所は、**追い越し・追い抜きともに禁止**されています。

---

## ルール解説

### 車を運転するときの心得

● 疲れているとき、病気のとき、心配事があるときなどは運転しない。体の調子を整えてから運転する

● 睡眠作用のあるかぜ薬などを服用しているときは運転しない

● 少しでも酒を飲んだら、絶対に運転してはいけない

● 酒を飲んだ人に車を貸したり、これから運転する人に酒を勧めてはいけない

**問 11** 道路の曲がり角から5メートル以内は駐車禁止場所であり、停車は禁止されていない。

○ ✕

**問 12** 車両通行帯のある交差点を右折する原動機付自転車は、必ず二段階右折をしなければならない。

○ ✕

**問 13** 図3の標識は、この先が行き止まりであることを表している。

○ ✕

図3

T

黄

**問 14** 原動機付自転車は手軽な乗り物ではあるが、転倒すると危険であるから、つねに慎重に運転すべきである。

○ ✕

**問 15** 立入り禁止部分は、歩行者がいるときに限り、乗り入れてはならない。

○ ✕

**問 16** 下り坂を通行するときは、こう配にかかわらず徐行しなければならない。

○ ✕

**問 17** 走行中は、交通法規を守ってさえいれば、自分本位に運転しても交通事故は起きないものである。

○ ✕

**問 18** 図4の標識のあるところでは、たとえ車が通行していなくても転回してはいけない。

○ ✕

図4

**問 19** 歩道のない道路に1本の白線が引かれている路側帯は、軽車両の通行が禁止されている。

○ ✕

**問 20** 速度が上がれば、視野は狭くなり、視力は低下する。

○ ✕

**問 21** 交通事故で負傷者がいるときは、できるだけ動かさずに救急車の到着を待つほうがよいが、出血がひどいときや意識がないため窒息するおそれがあるようなときは、応急手当をするように努める。

○ ✕

**問11** 道路の曲がり角から5メートル以内は、**駐停車禁止場所**です。

**問12** 交通整理が行われていない場合や、片側2車線以下の道路の交差点などでは、**二段階右折をしてはいけません**。

**問13** 図3は「T形道路交差点あり」を表し、行き止まりを意味するものではありません。

**問14** 原動機付自転車でも軽率に考えず、**つねに慎重に運転**することが大切です。

**問15** 歩行者の有無にかかわらず、**立入り禁止部分に乗り入れてはいけません**。

**問16** 徐行しなければならないのは、**こう配の急な下り坂**です。

**問17** 自分本位の運転は、**交通事故の原因**になります。

**問18** 図4は「**転回禁止**」を表し、この標識のある場所では転回してはいけません。

**問19** 歩行者や軽車両は、設問の**路側帯を通行することができます**。

**問20** 速度が上がると、**視野は狭くなり、視力は低下**します。

**問21** 出血がひどいときなどは、**止血するなど可能な応急救護処置**を行います。

**ルール解説**

## 路側帯の種類

### ●路側帯
歩行者と軽車両は通行できる。幅が0.75メートルを超える場合は、中に入って駐停車できる

### ●駐停車禁止路側帯
歩行者と軽車両は通行できる。幅が広くても、中に入って駐停車できない

### ●歩行者用路側帯
歩行者だけが通行でき、軽車両は通行できない。幅が広くても、中に入って駐停車できない

原付模擬テスト

第8回

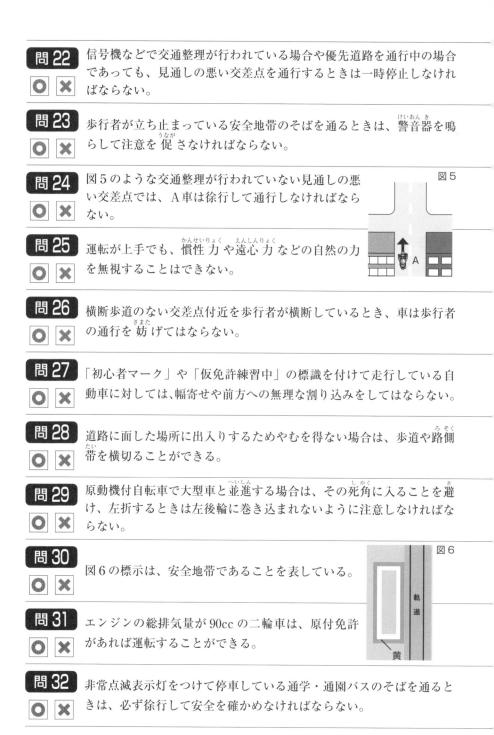

**問 22** ◎ ✕ 信号機などで交通整理が行われている場合や優先道路を通行中の場合であっても、見通しの悪い交差点を通行するときは一時停止しなければならない。

**問 23** ◎ ✕ 歩行者が立ち止まっている安全地帯のそばを通るときは、警音器を鳴らして注意を促さなければならない。

**問 24** ◎ ✕ 図5のような交通整理が行われていない見通しの悪い交差点では、A車は徐行して通行しなければならない。

図5

**問 25** ◎ ✕ 運転が上手でも、慣性力や遠心力などの自然の力を無視することはできない。

**問 26** ◎ ✕ 横断歩道のない交差点付近を歩行者が横断しているとき、車は歩行者の通行を妨げてはならない。

**問 27** ◎ ✕ 「初心者マーク」や「仮免許練習中」の標識を付けて走行している自動車に対しては、幅寄せや前方への無理な割り込みをしてはならない。

**問 28** ◎ ✕ 道路に面した場所に出入りするためやむを得ない場合は、歩道や路側帯を横切ることができる。

**問 29** ◎ ✕ 原動機付自転車で大型車と並進する場合は、その死角に入ることを避け、左折するときは左後輪に巻き込まれないように注意しなければならない。

**問 30** ◎ ✕ 図6の標示は、安全地帯であることを表している。

図6

軌道

黄

**問 31** ◎ ✕ エンジンの総排気量が90ccの二輪車は、原付免許があれば運転することができる。

**問 32** ◎ ✕ 非常点滅表示灯をつけて停車している通学・通園バスのそばを通るときは、必ず徐行して安全を確かめなければならない。

**問 22** 設問の場合は、**必ずしも一時停止する必要はありません**。

 **問 23** **警音器は鳴らさずに**、徐行して通らなければなりません。

 **問 24** 図の**A車は優先道路を通行**しているので、徐行する必要はありません。

 **問 25** 運転技術によって自然の力を制するには、**限界があります**。

 **問 26** 横断歩道があるときと同様に、**歩行者の通行を妨げない**ようにします。

 **問 27** 設問の車に対しては、**幅寄せや割り込みが禁止**されています。

 **問 28** 横断するときは、**歩道や路側帯を横切ることができます**。

 **問 29** 大型車は内輪差が大きいので、**巻き込まれないように十分注意**しなければなりません。

 **問 30** 図6は、**「安全地帯」の標示**です。

 **問 31** 設問の車は普通自動二輪車で、運転するには**大型二輪免許または普通二輪免許が必要**です。

 **問 32** 通学・通園バスのそばを通るときは、**必ず徐行**して幼児などの急な飛び出しに備えます。

---

## ルール解説

### 車に付けるマーク（標識）

● 初心者マーク

黄　　緑

● 高齢者マーク

オレンジ
黄

● 身体障害者マーク

● 聴覚障害者マーク

黄　　　緑

● 仮免許練習標識

仮免許
練習中

● 移動用小型車マーク

青緑

● 遠隔操作型小型車マーク

青緑

原付模擬テスト

第8回

**問 33** ○ ✖ ハンドルやブレーキが故障している車は、危険なので運転してはならない。

**問 34** ○ ✖ 大地震が発生したとき、自動車での避難は避けるべきだが、原動機付自転車は小回りがきくので積極的に利用する。

**問 35** ○ ✖ 環状交差点を左折、右折、直進、転回しようとするときは、あらかじめできるだけ道路の左端に寄り、環状交差点の側端に沿って徐行しながら通行する。

**問 36** ○ ✖ 図7の標識のある道路は、原動機付自転車で通行することができる。

図7

**問 37** ○ ✖ 原動機付自転車は、高速道路を通行してはいけない。

**問 38** ○ ✖ 左側部分の幅が6メートル以上の道路で追い越しをするときは、中央線から右側部分にはみ出して通行してはならない。

**問 39** ○ ✖ 信号機のない踏切を前車に続いて通過するときは、一時停止をする必要はない。

**問 40** ○ ✖ 左に進路変更するときの合図を始める時期は、進路を変えようとする約3秒前である。

**問 41** ○ ✖ 原動機付自転車で交差点内を通行中、後方から緊急自動車が接近してきたときは、交差点の外に出て徐行しなければならない。

**問 42** ○ ✖ 道路が混雑している場合は、図8の標示内に停止してもやむを得ない。

図8

**問 43** ○ ✖ 天候が悪く、定められた速度で進行すると他の交通に危険をおよぼすおそれがあったので、速度を落として進行した。

**問33** ○ 設問のような**整備不良車は、危険なので運転してはいけません。**

**問34** ✕ 大地震が発生したときは、やむを得ない場合を除き、**避難のために車を使ってはいけません。**

**問35** ○ あらかじめできるだけ道路の左端に寄り、**環状交差点の側端に沿って徐行**しながら通行します。

**問36** ✕ 図7は**「普通自転車等及び歩行者等専用」**を表し、原動機付自転車は通行できません。

**問37** ○ 原動機付自転車は、**高速道路（高速自動車国道と自動車専用道路）を通行できません。**

**問38** ○ 設問のような道路では、**右側部分にはみ出して追い越しをしてはいけません。**

**問39** ✕ 信号機のない踏切では、**必ず一時停止**して、安全を確かめなければなりません。

**問40** ○ 進路変更するときは、**進路を変えようとする約3秒前に合図**をします。

**問41** ✕ 交差点を避け、**左側に寄って一時停止**しなければなりません。

**問42** ✕ 道路が混雑していても、**「停止禁止部分」**の中に停止してはいけません。

**問43** ○ 天候を考えた**安全な速度を選んで走行すること**が大切です。

## 道路の右側部分にはみ出して通行できるとき

● 道路が一方通行になっているとき

● 工事などで十分な道幅がないとき

● 左側部分の幅が6メートル未満の見通しのよい道路で追い越しをするとき（標識などで禁止されている場合を除く）

● 「右側通行」の標示があるとき

**問 44** ⭕ ❌ 片側 2 車線の道路で原動機付自転車を運転中、左側の車両通行帯が渋滞していたので、右側の車両通行帯を通行した。

**問 45** ⭕ ❌ 原動機付自転車は車幅が狭いので、やむを得ないときは、歩道上に乗り上げて駐車してもよい。

**問 46** ⭕ ❌ 運転席以外に乗車装置がある場合の、原動機付自転車の乗車定員は 2 名である。

**問 47**

時速 30 キロメートルで進行しています。どのようなことに注意して運転しますか？

⭕ ❌ (1) 対向車は、自分の車が障害物を避け終わるのを待ってくれると思うので、速度を上げて通過する。

⭕ ❌ (2) 前方に障害物があるので、速度を上げて、対向車が来るよりも先に障害物の横を通過する。

⭕ ❌ (3) 対向車がいて無理に進行すると正面衝突するおそれがあるので、一時停止をして対向車に道を譲る。

**問 48**

時速 30 キロメートルで進行しています。どのようなことに注意して運転しますか？

⭕ ❌ (1) 子どもが車道に飛び出してくるかもしれないので、ブレーキを数回に分けてかけ、速度を落として進行する。

⭕ ❌ (2) 子どもの横を通過するときに対向車と行き違うと危険なので、加速して子どもの横を通過する。

⭕ ❌ (3) 子どもがふざけて車道に飛び出してくるかもしれないので、中央線をはみ出して通過する。

**問 44** 左側の車両通行帯が渋滞していても、原動機付自転車は原則として**左側の通行帯を通行しま**す。

**車両通行帯がある道路での原動機付自転車の通行位置**

● 追い越しする場合などを除き、最も左側の車両通行帯を通行する

 **問 45** 原動機付自転車でも、**歩道上に駐車してはいけ**ません。

 **問 46** ほかに乗車装置があっても、原動機付自転車の**乗車定員は運転者1名だけです。**

**問 47**

**ここに注目！**

解説

前方には障害物があり、<u>左側</u>だけでは通行できません。対向車が来ているので、<u>注意して通行</u>しなければなりません。

前方に障害物がある場合は、対向車の有無や動向に注意が必要です。一時停止か減速をして進路を譲るのが基本です。

 (1) 対向車は、**自車の進行を待ってくれるとは限りません。**

 (2) 先に通過しようとすると、**対向車と衝突するおそれ**があります。

 (3) 前方に障害物があるときは、**一時停止をして対向車に道を譲るのが安全**です。

**問 48**

**ここに注目！**

解説

歩道にいる子どもたちは、<u>自車の接近</u>に気づいているかわかりません。バックミラーに映る<u>後続車</u>にも要注意です。

子どもたちは、突然車道に出てくるおそれがあります。また、速度を落とすときは後続車に追突されないように注意しましょう。

(1) **子どもの飛び出しに注意して、速度を落とします。**

 (2) **子どもが飛び出してくるおそれ**があります。

 (3) 中央線をはみ出すと、対向車と**衝突するおそれ**があります。

●著者紹介●

# 長　信一 （ちょう　しんいち）

1962年、東京都生まれ。1983年、都内の自動車教習所に入所。1986年、運転免許証の全種類を完全取得。指導員として多数の合格者を送り出すかたわら、所長代理を歴任。現在、「自動車運転免許研究所」の所長として、運転や雑誌の執筆を中心に活躍中。『改訂版 普通二輪免許 パーフェクト BOOK』、『最新版 第二種免許 絶対合格！ 学科試験問題集』（日本文芸社）など、手がけた本は200冊を超える。

●カバーデザイン　上筋英彌（アップライン株式会社）
●本文イラスト　　風間 康志・すずき 匠
　　　　　　　　　酒井由香里
●編集協力・DTP　knowm

## 最速合格！ 原付免許 ルール総まとめ＆問題集
（さいそくごうかく）（げんつきめんきょ）（そう）（あんどもんだいしゅう）

2023年7月1日　第1刷発行
2024年9月1日　第3刷発行

## 著者
### 長　信一
（ちょう　しんいち）

●

## 発行者
### 竹村　響

●

## 印刷所
### TOPPANクロレ株式会社

●

## 製本所
### TOPPANクロレ株式会社

●

## 発行所
# 株式会社 日本文芸社

〒100-0003　東京都千代田区一ツ橋1-1-1 パレスサイドビル8F
Printed in Japan 112230614-112240819 Ⓝ 03（350005）
ISBN978-4-537-22117-6（編集担当　三浦）